赢在表达：
做有影响力的职场女性

马 琳 ◎ 著

机械工业出版社

新时代的女性面临越来越多"她发声"的机会，随着"她经济""她势力""她时代"的到来并兴起，无论在哪个领域，女性正在以一种前所未有的自信姿态去创业、去生活、去表达！本书通过作者多年培训经验辅以实操案例，指导职场女性特别是女性领导及企业高管快速掌握公众表达力、提升影响力。

图书在版编目（CIP）数据

赢在表达：做有影响力的职场女性 / 马琳著．—北京：机械工业出版社，2023.4

ISBN 978-7-111-73086-6

Ⅰ．①赢⋯　Ⅱ．①马⋯　Ⅲ．①女性－成功心理－通俗读物　Ⅳ．①B848.4-49

中国国家版本馆CIP数据核字（2023）第074195号

机械工业出版社（北京市百万庄大街22号　邮政编码100037）
策划编辑：梁一鹏　　　　　　　责任编辑：梁一鹏
责任校对：丁梦卓　陈　越　　　责任印制：常天培
北京铭成印刷有限公司印刷
2023年7月第1版第1次印刷
148mm×210mm・6印张・1插页・126千字
标准书号：ISBN 978-7-111-73086-6
定价：58.00元

电话服务　　　　　　　　　网络服务
客服电话：010-88361066　　机　工　官　网：www.cmpbook.com
　　　　　010-88379833　　机　工　官　博：weibo.com/cmp1952
　　　　　010-68326294　　金　书　网：www.golden-book.com
封底无防伪标均为盗版　　机工教育服务网：www.cmpedu.com

推荐序一

作为一名女性,我非常认可且推崇本书的核心观点:"她力量"需要勇敢表达出来!做一位敢于表达、善于表达的女性,能够更好地成就自己,成就自己的团队和企业。

在我的人生历程里,无论是年轻时当老师,还是现在管理企业,我都深刻地感受到能表达、会表达的重要性,能表达是说明一个人的勇气,会表达是展示一个人的能力,只是很多时候人们忽视了好的表达可以带来的影响力。特别是女性,更会受到社会、环境等影响,在非正式的场合可以随意地聊天,话题可以多到一夜都讲不完。但是一到正式场合就不愿讲,不敢讲,也不会讲,并且在内心给自己很大的压力,怕讲不好会被笑话,怕讲不到位会被批评。这些想法都限制了女性通过表达来表现自己,越不敢站出来讲,也就越来越不会讲。

我认为,修炼自己的表达能力,不仅是学会讲话,而是要以更好的姿态做人、做事,更需要磨炼自己的勇气。我今年已经活到了第 91 个年头,如今,我依然是褚马文化交流中心主席，褚酒庄园、褚马奶奶农庄、褚马圆商道文化传播有限公司三家企业的董事长。我也经常受邀代表自己的企业去不同的场合进行发言，我一直用真情实感来分享褚时健和我的创业经历，用表达来传播更多的正能量和管理的经验。无论是过去还是今天的环境，都需要女性发声，为家庭的和睦、为企业的品牌、为社会的现象去发声，用优秀的表达来实现桥梁的搭建，甚至是产品的销售。

这本书是马琳在各种场合的观察、梳理、总结，以及在几十个女性高管培训班授课后的实战经历的基础上写成的。书中不只告诉你学习有效表达的重要性，也会有很多方法的解析和分享，帮助更多高知女性从不知道到知道，从知道到做到，从做到到精通有效表达。我想，马琳是希望通过这本书让更多女性朋友受益其中，从书本到训练课程，既有理论的搭建，也有更持续的学习资料，助力女性用有效表达来提升影响力、促进个人发展，从而让有效表达伴随我们的一生。

如今，女性所代表的"她力量"所展露的光彩也越发夺目。在经济、科技、文化等领域都有众多女性自强不息、坚韧刚毅、智慧豁达的奋斗身影。所以，我认为"她力量"不能仅停留于内秀，无论你擅长或是不擅长，一定要向本书所提倡的那样去表达，勇敢站上去，讲出来！祝福马琳的书顺利出版！也祝愿更多高知女性能够不断精进，共同成长！

褚橙庄园创始人、褚马文化交流中心主席　马静芬

推荐序二

人类的历史，也是一部人类的精神史，正是人类的精神创造催生了人类的思想、宗教、伦理和丰富多彩的生活方式，并用语言表达了人类活跃的思维、深刻的思想、丰富的感情。许多伟大人物在历史的关键时刻，用他们丰富的个性、独具的思想、精彩的语言，让迷惑的人们觉醒并走向理性。多少思想家用他们的言辞讲述出那些闪光的理论、崇高的思想、坚定的信念。翻开包罗万象的史诗，又是多少百姓，用他们的话语，述说着历史的传承、世界的斑斓、生活的本质，教育着一代又一代人，推动着社会的发展和人类的进步。

语言是心灵的窗户，而优秀的演说无疑是心灵世界中最耀眼的火花。优秀女性和女企业家们讲述她们的故事和感想，是精神文明的传递，是公众表达力和领导力的亲身实践，是她们在这空谷回音中惊喜的成长，也是一次激荡人心的心灵之旅。

马琳老师用敏锐的眼光，发现了语言不仅仅是信息的传递，更是新时代女性需要的美——表达之美，用表达体现女性的力量、影响力和魅力。多年来她竭尽所能地为一批批优秀女性和女企业家讲授"她力量·公众表达力",卓有成效,吸引了大批的粉丝。今天她的新书《赢在表达:做有影响力的职场女性》的出版,为更多女性打开了一扇窗。我衷心希望更多优秀的女性和女企业家们,特别是新时代年轻的优秀女性能阅读这本书,进而不放过成长路上的每一次表达机会,让公众表达力成为你梦想成真的制胜法宝之一。一切的现在都孕育着未来,未来的一切都生长于它的昨天,再难我们也要一路走来,我们要用整个生命和一切力量去学习、去奋发。永远不屈、永远向上、永远精彩、永远充满着希望。

云南省女企业家协会会长　郑南南
2023 年 3 月

自序

三月是属于女性的节日,阳春三月,桃花盛开,百花争艳,三八节,我受邀参加了"知乎城市—昆明"关于"她力量"活动发起的分享,活动呼吁女性朋友们:请放手去做每一件值得勇敢去做的事,一起去探索"她力量"的更多可能。

三月,开启本书的写作,有纪念意义,也有激励的作用。在我心里,一直坚信女性的美,不只是内心柔软的美,外在装扮的美,还有用语言表达的美,甚至说是女性的力量。女性,在时代赋予的角色与认知中,世界赋予的责任与担当中,我们需要发出自己的声音,为产品代言,为企业发声,为社会注入正能量,为国家注入新女性的声音!

格力电器董事长兼总裁董明珠是女性企业家的典范,我曾经看过财经作家吴晓波、凤凰卫视采访她的视频,董总说:"我为什么自己代言格力?为什么我不再找明星代言?因为我是这个企业的负责人,我可以对消费者承诺,产品有问题你找不到明星,但一定可以找得到我,让消费者放心;我还可以把几千万的广告费回馈于消费者；站出来为自己的产品代言，我相信自己的产品，你敢吗？一个企业最好的形象就是企业家的形象！"企业最好的代言人是创始人、企业家自己，是最具有公信力的宣传！我们要站出来为自己的产品和企业发声！

我在近5年间听到对这个时代最好的描述是，这是一个VUCA（乌卡）时代。乌卡时代有四个特点：易变性、不确定性、复杂性和模糊性。而现在，我们所处的时代唯一不变的就是变化，我们甚至都不确定竞争对手在哪里。一些企业的倒下，不是被竞争对手击败，而是被时代淘汰。

如今更多的人处于焦虑和无助中，我们会用各种方法压抑自己，无效地劝慰自己，甚至打压自己，我们更需要有效的应对：与时俱进、快速迭代。而时代的变化需要更多的女性站出来发声，为自己发声、为产品代言、为品牌站位，需要积极主动地参与到与政府连接、项目路演、品牌的有效传播中，公众表达已迫在眉睫地成为女性职场人形象与魅力的必备"礼服"。

我一直认为每一位女性都有自己独特的美，无论是样貌、身材还是气质，样貌可以靠打扮达成，身材可以靠运动达成，气质可以靠训练达成。新时代女性还需要有一种美——表达的美，用表达提升美誉度，更是提升一种影响力。但实际职场中，往往是向相反的方向发展，一些女性不敢上台表达，那娇好的样貌、身材、气质在表达中瞬间无处可用，为什么会这样呢？因为没受过专业的训练，没有标准变成了没有根基，没有根基就没有了影响力！

2021年于我是艰辛的一年，也是收获颇丰的一年。2月8

日我拿到了国家版权局授予的《魅力言值——女性高管公众表达力提升训练营》（国作登字-2021-L-00032482）的版权证书。作为昆明贤马企业管理咨询有限公司的创始人，我主要负责公司的整体运营和管理。2021年是我讲课最多的一年。2019年，在一次云南省女企业家协会的活动中，我进行了二十分钟"女企业家提升公众表达力"的主题分享。分享结束后很多女企业家和我说："我们太缺乏表达能力了，心里想的很多，但表达出来的却不是自己想要表达的，这样的培训我们很需要！"一次分享，让我听到了女企业家们的需求，也让我在协会领导和女企业家中建立了专业公众表达的标签，有了一次有效的宣传。

在各位领导和女企业家的口碑相传中，我开始不断给云南女企业家们讲课，给妇联讲课，2019年到2021年讲了15期"女性高管公众表达力提升"训练营公开课；给5个女企业家协会（商会）定制举办了"女性领导力——公众表达力提升"培训；给妇联开办了13期女性领导、执委们的公众表达力提升培训班。看到近3000名女性认真投入地学习公众表达能力，更让我坚定了尽自己所能去助力女性高管用公众表达提升影响力的决心，也希望能把自己多年在各种场合的表达沉淀、曾经成长中的阵痛和坚守，曾经在那么多期课程中的所见所闻、所感所悟与更多的职场女性分享，让公众表达力成为更多职场女性的影响力！

我坚信，这条分享之路会走得很喜悦，很有价值，很有意义！

目录

推荐序一

推荐序二

自序

第一章 女性在公众表达中先要知道的 …………………… 1

第二章 女性在公众表达中的吸引力 …………………… 15

 第一节 状态的调整 ……………………………………16

 第二节 气场的修炼 ……………………………………21

 第三节 信任关系的建立 ………………………………24

 第四节 态度决定状态 …………………………………27

 第五节 关注形象就关注了印象 ………………………29

第三章 女性在公众表达中的说服力 …………………… 33

 第一节 开场白的构建 …………………………………34

第二节　主体内容的构建……………………………46

　　第三节　结束语的构建………………………………54

　　第四节　公众表达中的禁忌…………………………64

　　第五节　内容真实与实在的意义……………………69

　　第六节　内容与时俱进的重要性……………………70

第四章　女性在公众表达中的感染力……………73

　　第一节　声音的传递…………………………………74

　　第二节　眼神的运用…………………………………78

　　第三节　肢体动作的训练……………………………80

　　第四节　情绪管理……………………………………87

第五章　女性在公众表达中的故事力……………91

　　第一节　故事是最深入人心的表达…………………93

　　第二节　有效故事的构成……………………………97

　　第三节　故事中的营销力…………………………108

　　第四节　讲故事的注意事项………………………110

第六章　女性在公众表达中的生动力……………117

　　第一节　列数据、讲故事、打比方………………118

　　第二节　用建库解决词穷…………………………122

　　第三节　公众表达中的时间管理…………………130

　　第四节　公众表达中的两个对比法则……………132

　　第五节　脱稿表达的秘密…………………………133

　　第六节　即兴表达的技巧…………………………135

第七节　公众表达中的互动技巧……………………… 138
   第八节　公众表达中的幽默技巧……………………… 140
   第九节　PPT 使用的技巧……………………………… 147

第七章　女性在公众表达中的内驱力 ………………… 151

   第一节　女性在公众表达中的认知力………………… 152
   第二节　完成比完美更重要…………………………… 158
   第三节　持续练习的技巧……………………………… 160
   第四节　女性高管在公众表达中的断舍离…………… 163

第八章　女性在公众表达中的影响力 ………………… 165

参考文献 …………………………………………………… 175

后记 ………………………………………………………… 177

第一章

女性在公众表达中先要知道的

一、女性高管公众表达的现状

各位女性高管是否经历过：

有重要嘉宾或者客户来访，不知道如何清晰介绍；去到重要场合，不知道如何主动开口分享；面对上级主管领导，不知道如何快速精准汇报；面对重要项目路演，不知道如何专业讲述；甚至给下属开会，不知道如何激励……

我们经常说一句话：你要知道问题在哪里，才知道应该提供怎样的解决方案。除了以上所列的问题，我们来看看女性高管在公众表达中呈现的主要现状：

第一个现状，用"哭"来代替表达。

2018—2019年，我至少四次在沙龙中看到女性企业家、高管分享发言时，流泪抽泣，中断了接下来的分享内容，只能草草收场，甚至把场面搞得一度尴尬，氛围变得沉重起来。当我问她们为什么要哭呢？回答都是因想起自己创业的艰辛和职场的难处忍不住泪流满面、泣不成声。作为创业者，我非常理解这样的心情，创业难，女性创业更难。但我更想说的是："无论创业的原因是什么，创业都是我们自己的选择。"听众中也许有更艰难的创业之路，在公众场合，我们不是来比惨的，更重要的是学会"与其用眼泪博取同情，不如用汗水收获认同"，抓住机会用我们有力的表达去获取更多人的支持，去做更多自己产品的介绍，去做更多有效的传播，去传播更多的正能量。

第二个现状，"话多""词穷"、缺逻辑。

对于女性的语言优势，澳大利亚的语言学家和心理学家亚伦·皮斯和芭芭拉·皮斯的"男人,女人"系列丛书中,试图从进化角度解释:从原始社会父系时代,男外女内的风俗开始形成,男人更多地使用肌肉和力量去解决问题,而女性则更多使用语言去解决问题,从而演变出如今男性和女性在语言方面的差异。

在进入农耕文明之前,远古人类男性为了种群生存大部分时间在外集体打猎,而跟踪、潜伏、围猎的时候都需要安静和聚精会神,静谧无声地接近目标然后迅猛出击并成功将其拿下。长此以往就导致男性大脑向更加聚焦处理一个事情进化,同时弱化语言功能的发展。而女性大部分时间协同采集、烹饪、照看幼老。她们可能一天中很多时候要使用语言来处理问题,采集时相互交流哪条树枝上有果子,烹饪食物时还要用语言管理孩子等。所以女性大脑进化更注重并行事物的处理和语言功能的发展。

从远古时候开始,女性更愿意用语言来沟通交流,现实生活中,一些女性也会发挥自己话多的特点,有些时候站在台上更会滔滔不绝。但仔细听来,没有主题、前后逻辑混乱,再带上一些语气词,总是会令听众感觉乏味。而表达者却自己乐在其中,处于一种自嗨的状态。听众们心里只有一个声音不断地响起:"怎么还没讲完?什么时候才能结束?"

"词穷"相对于"话多"也是常见的现状,就是所表达出来的内容平淡无味,不断重复词语和内容,没有提炼精华。很多女企业家对我说:"我总是话到嘴边不知如何开口,我总是不知道如何把词语说得更丰富。"我也总是笑着回复说:"是不是有种'书到用时方恨少'的感觉啊?"大家也用力地点着头。"词穷"会让我们失去"腹有诗书气自华"的表现，会让听众失去想听的意愿，会让我们的一次表达只是走过路过，只是为了完成一个任务而已，甚至浪费了所有人的时间，包括我们自己的时间。因为，一切没有目的、没有结果的分享都是浪费时间。

缺少逻辑性，往往是因为我们还没有建立公众表达要有目的性的概念，也没有去真正学习过专业的逻辑表达和对内容的专业构建，所以经常处于想到哪儿说到哪儿，想起什么说什么的状态，逻辑性是女性表达中的一大硬伤，幸好只是硬伤不是死穴，我们还是可以通过专业学习来改善的。

第三个现状，缺乏影响力。

1. 内容上缺乏影响力

我曾经在不同的场合里看到有表达者进行了一模一样的表达。

曾看到一位女性上台发言，走到话筒前，开始读事先准备的发言稿，读了十五分钟终于结束了，结尾说："谢谢大家，2012年3月12日。"您确定是2012年？今天已经是2022年……从日期可以看出，这是一篇在十年前就写好的稿子，为什么会出现在今天的发言中？我问了发言者，说："不好意思，忘了改日期了！"我想说的是，问题不是有没有改日期！而是，十年已经足以让一个世界从思想、环境、标准、信息、生活等发生颠覆式的变化，我们怎么能拿着十年前的发言稿出现在今天的公众表达中呢？我们怎么可以用十年前的思想来影响今天的听众呢？我们必须要改变，从对公众表达的认知开始！

2. 状态上缺乏影响力

有句话说:"70%的人怕死,90%的人怕上台演讲!"这句话可以解释为:我宁愿死,也不上台!说明太多人都有上台恐惧症,具体在台上的表现就是神情紧张、局促不安、站立不稳、言语不顺,上台恐惧症严重影响了表达者在公众面前的影响力。

3. 肢体动作上缺乏影响力

一位表达者从头到尾低头读稿足已摧毁听众的耐心,这个动作已经为表达者得分打了折扣。再加上全程不敢动,没有恰当的手势、放松的微笑、眼神的交流等,注定这只是一次形式化的发言,将不会带来任何期待。

但是我们要记住,公众表达力就是一种影响力!我们要珍惜每一次公众表达的机会!

如何去珍惜呢?

我一直很欣赏在聚光灯下侃侃而谈的女性,在她们身上、声音里、言语中,总感觉闪耀着一种光芒,总能感受到强烈的"她力量",这是一种内外兼修的女性的力量。

我曾经问过很多女企业家,你觉得公众表达重要吗?

重要啊,当然重要!

现在让你上台发言如何?

算了,重新找个人去发言吧?

为什么呢?

我不敢,我一上台大脑就一片空白,手抖脚软,经常说着说着就断片……

我不会,我从小到大都不太会说话,普通话也不标准,会让大家笑话的……

是什么，堆砌了女性公众表达的壁垒？

是什么，限制了女性在公众表达中的成长？

丘吉尔说：一个人能面对多少人，代表他的人生成就有多大！

罗振宇曾说过，职场或者说当代社会，最重要的能力是表达能力。因为在未来社会，最重要的资产是影响力。影响力怎么构成？有两个能力：第一是写作；第二是演讲。不难看出，就是写和说的能力。

李开复曾经说过，有思想而不表达，人就等同于没有思想。

哈佛才女许吉如说过，古代女子无才便是德，今天女子有才天下知！

女性，无论你是企业家、职场高管、创业者或职场人，都需要用表达与这个世界相连！

二、公众表达的含义

讲公众表达的含义前，我们先澄清一下演讲和公众表达的区别？很多朋友来上我的课程时都会说：我来上演讲课程，我想学演讲的技巧。其实演讲和公众表达是不一样的，从归属来看，公众表达比演讲涵盖的范围更广，它包括了演讲，还包括了就职演说、会议发言、论坛分享、工作汇报等；而演讲只是公众表达中的一种方式。我们在本书里所分享的技巧也包括了演讲的技巧，只是内容是从大而广泛的角度进行的。演讲会更有现场的演绎甚至是表演、声情并茂的展示。那么，公众表达的含义是什么呢？

通过多年的沉淀和总结，我认为公众表达是指：当我们面对三人及以上，在合适的场合中，用合适的方法并在有限的时间内，进行思想的传播、精神的传承和经验的传递。

从这个解释不难看出，公众表达中的关键点有三个：一是人数，当面对1~2人表达时，我们往往叫沟通或交流，只有面对三人及以上才叫公众表达；二是场合、方法与时间，公众表达要在不同的场合运用不同的表达方式，并且控制在有限的时间范围内；三是思想、精神、经验，任何一次公众表达都是有目的性的，而目的性说明公众表达中有干货，决定了公众表达的价值，当然，这也要取决于公众表达者的表达能力，所以需要来学习！

三、公众表达的目的

公众表达是一种有目的的行为，不是随便聊聊，更不是一篇走过十年、走遍各种场合的发言稿。公众表达在没开始之前、在准备表达逐字稿的时候就要设定好目的，这就是价值的体现，我们给听众带来什么，是某种思想的传播，是某种精神的传递，抑或是某种经验的传承？公众表达最基础、最重要的目的是展示自己，快速与听众建立信任关系。

十年前，在商业领域做公司运营品牌，广告是少不了的，我们总是依赖广告去宣传公司、宣传产品，每年花费少则几万，多则几十万上百万，实际从广告中得到的盈利有多少我们不得而知。而今天互联网时代、自媒体时代是信息迅猛传播的时代，更需要精准对接、快速见效。当我们有了一次公众表达的机会，无论时间的长短，都给了我们去传播的机会，至少先传播自己，吸引听众，触动听众的情感，启发听众的思想，让听众有了共鸣，就会产生"小分享、大影响"的作用。所以说，公众表达最基础也是最重要的目的是展示自己，快速与听众建立信任关系。全球著名投资商沃伦·巴菲特曾经说过："公众表达是一种财富。将伴随你五十到六十年，如果你不喜欢，你的损失同样是五十到六十年。"

四、公众表达中的主体角色

在公众表达群体构成中，一般来说，有表达者和听众两种角色，当然，有时候还会有第三种角色叫旁观者。旁观者就是人在现场但心不在现场的人。但是这类人我们往往也会归结为是因为表达者的表达缺乏吸引力产生的。所以提高公众表达力非常重要。对于表达者和听众来说，哪种角色是主体角色呢？主体角色是指一次公众表达中的中心角色、主要角色、核心角色。

让我们想象一个场景：一位表达者在台上侃侃而谈、滔滔不绝、自我沉醉，而台下听众有的在刷微信、有的在笔记本上画画，有的在闭眼打盹，数分钟过去了……此时的现场只有一个人"活着"，表达者自己在自嗨，现场只留下了她的声音，听众已经"灵魂出窍"般在各干各活了；或者如果可以选择，已经有人选择离开去做更有价值的事情了。

我们再来想象一个场景：一位表达者在台上侃侃而谈，状态极佳、条理清晰、简明扼要，在适当的时候与听众做互动，听众时而频频点头回应，时而发出阵阵掌声点赞。结束后有听众跑到台上主动添加微信，说感觉意犹未尽，希望能有机会再听到她的分享。在现场，你能感觉一种被激励、被赋能的氛围，在心底里，也在行为中。

以上两种场景大家是否有种似曾相识的感觉呢？

哪一种场景更多见呢？一定是第一种，我们都曾受过煎熬，我们也曾让别人受煎熬而不自知。

哪一种场景是最有价值的呢？一定是第二种，让听众意犹未尽，主动吸粉，希望交往。

所以，在公众表达群体构成中，主体角色是：听众！只有表达者把听众放在心上，从准备发言稿的那一刻起就放在心上，开始关注听众是谁才能达成一场有影响力的公众表达。记住表达稿准备时的经典五问：

1. 为什么讲？

和主办方或者邀请方交流清楚会议的背景、主题是什么？本次会议要达到的目的是什么？会议流程是什么？有哪些人参会？参会中的重要人物是哪些？还有哪些人同台分享？同台分享的主题是什么（这是很重要的了解，为了避免我们分享的核心重叠，为了让自己更清晰自己的分享优势是什么）？

2. 为什么听我讲？

和主办方或者邀请方了解"请我讲、听我讲"的缘由，是因为我的影响力，是因为我在某领域的专业性，还是因为希望和我进行业务合作？了解清晰，才能知道内容构建中的轻重之分，才知道我在会议中的分量，才会更有方向性地去达成本次分享，既让我们自己满意，又让主办方也满意。

3. 想听什么？

参会中的重要人群想听什么？我应该讲什么才会引起大家

的兴趣？我应该怎么讲才能让听众接受？对听众想听什么这个部分的了解、思考和构建非常重要，这可以避免我们只讲自己喜欢讲的、想讲的，从而陷入一言堂、自嗨的模式。

4. 我要讲什么？

内容和结构的确定决定了我们的表达是否有干货。本次公众表达的目的是什么？讲完以后要传播的是哪种思想，是哪种精神，还是哪种经验？

5. 怎样讲？

内容和结构确定以后要准备和思考用什么样的方式去讲，是站着讲，还是坐着讲？需要互动式讲授吗？在哪个部分加入提问会比较合适？提哪些问题能引发思考、促进表达的效果？

五、衡量公众表达有效性的四要素

四年前，当女性朋友们问我，能不能有一套简单易行的方法，让大家知道什么叫好的公众表达，或者是有效的公众表达。我一直在思考和总结，通过自己亲身经历进行了很多要点的整理，最终将衡量公众表达的有效性归纳为四要素：愿意听、听得懂、记得住、可传播。

愿意听。如果听众都不愿意听，接下来再精彩也没用，所以我们在公众表达开启的三十秒内就要让听众愿意听。为什么会是三十秒，因为人们的注意力集中是有时间限制的。

听得懂。人们只愿意听自己听得懂的内容，就像我们在学生时代一样，哪门课我们听着像天书只会选择放弃不学。公众表达中依然一样，当听众马上判断出自己听不懂时会选择不再听下去。所以，我们要用听众听得懂的语言、语境来进行内容和方式的准备。

记得住。记得住是为了达到公众表达者本次表达的目的。让听众记住我们的优势，记住我们的正面形象，记住我们传播的思想、精神或经验，才会让听众心中有数，对表达者的内容表示有收获、有启发、有共鸣，才会让听众觉得不虚此行，甚至意犹未尽。

可传播。一次有效的公众表达就是一次最好的对外传播。著名推销员乔·吉拉德的"250定律"曾提出："每一位顾客背后，大体有250名亲朋好友。"如果每场表达中都有很多人愿意去传播表达者本人、传播表达中的精彩内容，这都将是一次倍速传播、具有重大价值的公众表达。

有效的公众表达里，愿意听、听得懂、记得住、可传播是需要排序的。首先解决愿意听的问题，接下来是听得懂，然后是记得住，最后才是可传播。就像导游解说一样，一步一步地把听众引入其中，带着好奇和期待，最后带着满意而去。所以说，每一次公众表达要达成的目的不一样，但是产生影响力的目的是一样的。

有一种场景是我们作为表达者经常需要面对的：我已经很认真地准备，内容已经很通俗易懂了，为什么听众反馈还是没听懂呢？听得懂很重要，但总被表达者忽略，或者有"我认为应该可以听得懂"的想法，总感觉我们讲得已经够清晰、够通俗了，不可能听不懂。而实际上，在心理学中有个概念叫"知识的诅咒"，意思是：一旦我们拥有了某种思想或技能，就无法想象在未知者眼里的样子。我们的认为是：我懂，别人也会懂。其实，这种差别来源于双方信息的不对称，我们很难把自己知道的完完全全给对方讲清楚，我们被掌握的知识"诅咒"了。

有个真实的实验，1990年，一位名叫伊丽莎白·牛顿的斯坦福大学心理学研究生，分派人们去扮演两个角色："敲击者"和"监听者"。每位敲击者要选一首常人都熟悉的著名歌曲，如"生日快乐歌"，然后用手在桌子上敲打出这首歌的节奏，而监听者的任务是猜出歌名。在整个实验过程中，敲击者共敲击了120首歌，监听者只猜对了其中的3首，成功率为2.5%，而监听者当时的预估是会有50%的成功率。为什么会有如此大的差距？在奇普·希思与丹·希思合著的书《让创意更有黏性》中有描述，它反映的就是"知识的诅咒"：我们一旦拥有了某种知识或技能，就无法想象在未知者眼里的样子。我们的知识积累、人生经历、生活环境都会对我们产生影响，也会使我们不能从别人的角度去理解、去共情。

我记得两年前，我们全家人出游回来，女儿准备传照片给我，说为了更加快速地传送照片，让我打开AirDrop（隔空投送），我问："什么是AirDrop？怎么使用？"当时女儿一脸嫌弃的样子看着我："这个您老都不知道？"我们同时崩溃了，在女儿的认知里，用苹果手机多年的人都应该知道这个功能。这时候，女儿陷入了"知识的诅咒"。

正因为"知识的诅咒"经常性地存在，所以公众表达者除了正视和接纳这种现象之外，非常需要在表达前去了解听众群体的构成、甚至可以提前做个调研以便更加精准地准备内容，尽可能避免总出现"知识的诅咒"这种现象影响我们的公众表达。表达中应更加关注从听众的角度去选择适合的内容和表达的方式，才能真正达成听众愿意听、听得懂、记得住、可传播的目的。

六、用六力来达成有效公众表达的影响力

如何才能让公众表达更有效呢？接下来就要进入我们的技能部分，也就是干货部分，主要分享六种能力来达成有效的公众表达，包括：吸引力、说服力、感染力、故事力、生动力、内驱力。这是我给近3000位女性管理者提供了"公众表达力提升"培训后的验证和复盘，也是对部分学员进行跟踪访谈反馈后的整理与提炼，更是我多年在公众表达经历中的反思与总结。相信对于很多想学或初学的女性来说会有一定的启发与帮助。

第二章

女性在公众表达中的吸引力

女性在公众表达中的吸引力指的是内在修养的沉淀和外在表现的修炼，包含柔和、温暖、力量、坚定。一般会由现场的状态、气场、与听众的关系建立决定。吸引力要解决的是公众表达有效性四个要素中的第一个：愿意听。

第一节　状态的调整

试想一下，如果我们是听众，我们会愿意看见一个表达者有怎样的状态？

在公众表达中，状态非常重要，它往往决定了听众要不要选择听你讲。状态表现的是我们的专业化、职业化、精气神。

但在公众表达中，更常见的状态有紧张、焦虑、担忧等，很多企业家姐妹都告诉我说，下面练习的时候都好好的，稿子都背得很顺畅，可是只要一站到台上，看到下面坐满了人就莫名地开始心慌、手抖脚抖、手心出汗，巴不得能快一点结束现在的局面。而有的企业家姐妹们说自己挺能说的，可以照着稿子一直读完，只要不抬头看听众都没有问题，但只要一抬头，再一低头，准保找不着读到哪里了，越找不着越心慌，越心慌越紧张。如果发言稿不是自己写的，之前也没练习过，遇到不会读的字心里发虚舌根打颤，总之，一切都不在掌控中。姐妹们先问问自己，为什么我们会这么紧张呢？

在公众表达中，90%紧张的原因都来自于我们的内心，有一部经典的电影《国王的演讲》做了最好的演绎，推荐所有学习公众表达的朋友们一定要，甚至要多看几遍，去深刻体会其中的含义。影片讲述了1936年英王乔治五世逝世，爱德华

第二章　女性在公众表达中的吸引力

八世退位后，患有严重口吃的约克公爵阿尔伯特王子临危受命成为英国国王乔治六世的故事。在语言治疗师莱纳尔·罗格的治疗下，乔治六世克服障碍，在第二次世界大战前发表了鼓舞人心的演讲。这部电影中的主角就是因为内心的问题造成口吃和演讲困难。因为皇室家族对哥哥的偏爱、保姆的虐待、皇室封闭的规定、母亲的冷漠等，导致他出现心理障碍。在他与治疗师的交流中，以及通过怒火咆哮发泄出来的情感中让我们感受到他内心的紧张、焦虑和不安。他越是想表现良好，越是被多次戳伤。而民间的语言治疗师读懂了王子内心的惶恐，看上去是进行语言矫治，实际上是心理的援助辅导，也是帮助其找回和重建自信心的过程。影片中，有几个我很难忘记的场景：一是乔治六世在平民语言治疗师的引导治疗中发生的每一步改变；二是他在第二次世界大战前发表演说时的表现，以及国民各阶层听到他演说时的表现；三是乔治六世刻意练习时的表现。这些都深刻展示了一位公众表达者拥有不同的心理所带来的不同表现和状态。

所以，在公众表达中，我们很需要自己内心的对话：我在紧张、担忧、焦虑什么？当我们真正去面对的时候，是最好的解决时机，也会有最好的调整结果。

从性别来看，一般女性比男性更容易在公众表达中紧张，这有天生的原因，也有教育的原因。男性大多数时候比女性更容易自信，我们从小接受的教育就是男孩要大胆，女孩要收敛，甚至有时候女孩子活泼一些都会被立即制止。在常人的评判标准里，文静的女孩就是好女孩，所以当有机会可以让女性大胆地展示自己时，我们表现出来更多的是紧张、焦虑和担忧！我们担心出错，我们担心达不到听众的要求，我们担心很多与我们毫无关系的人的评价，我们担心活不成别人所期待的样子！我们希望自己是没有瑕疵的，不能接受外界对我们不良的评价，所以，我们表现出来的就是紧张、焦虑和担忧，越是这样，越是状态不佳。那么如何解决呢？

一般来说，我们常用的方法是：生理舒缓法、预演成功法、自我解脱法、压力转换法、身心专注法。

生理舒缓法就是当发现自己紧张焦虑时，先深呼吸，用鼻腔深深地吸一口气、张嘴用口腔慢慢地吐出来，多重复几次，直到让自己安静轻松下来。

预演成功法就是正式上台前模拟现场情景进行预备演出。我最推荐的预演成功法是在正式活动前去现场，站在实际的环境里去训练，包括站位的确定、测试话筒、观察现场、自己开口讲话找找感觉、测试音量、确定移动步伐的范围、测试投影仪和翻页笔等，熟悉现场，一切尽在掌握中就能减轻紧张、缓解压力。

自我解脱法就是"不要太把自己当回事儿"，每个人都只会更在乎自己，没有太多时间来全身心地关注他人。放下自己的身份、身段，把自己放在普通人的位置，上场前不纠结于每一个字词的构成和每一个动作的完美，不要求自己去满足每一个人的喜好和标准，放开自我。当我们放平了心态卸下内心的包袱，自然会有解脱的感觉。

压力转换法就是学习把压力向第三方进行转换，而不是一味地把注意力放在公众表达的准备中，有时候越专注越紧张，可以稍微做几个瑜伽的动作，可以闭上眼睛听听喜欢的音乐，最终目的都是让自己保持最稳的状态来面对公众表达。

身心专注法就是在进行公众表达前让自己保持在现场的专注度，不想其他让自己烦心而增加压力的事情，在分享前十分钟不在电话里或者现场和其他人交流，让自己保持在将要分享的状态中。我在进行公众表达时，一般会提前十分钟把手机调整为飞行模式，让自己专注于即将开始的表达中，因为人越专注越会保持稳定的状态，所以，专注是一种能力，也是一种素养。

但今天我更想分享的是调整状态二步法。

一是放下我执。"我执"是说我们总是执着于自己的想法、做法和坚持，固执于过去的认知，自我意识太强不容易接受其他的人或者事。而在公众表达中经常会说"我从来就不是一个会表达的人""我一说话就会紧张""这个是我的短板，不可能改变了"……这些说辞都是给自己贴标签，贴上这些标签最大的好处就是别人不再让我表达，我自己也接受不会表达的现状，但最大的坏处就是我们也一次次失去了宣传自己、传播思想的机会。已故日本女作家山本文绪说："比世人的目光还要可怕的，实际上是你自己那颗在意世人目光的心。"这是在意识层面最大的障碍，因为思想决定了行为。放下"我执"是一种修炼，是我们走出舒适圈、突破自己、解放思想的方法。我们要学着经常性地自问自答：我们在担忧什么？我们在焦虑什么？我们在害怕什么？当每一个问题都能清晰地提出来，然后去面对、思考、给出答案的时候，这些问题其实都已经不是问题，因为我们都有了应对的措施。

二是接纳自己。对自己高标准严要求，但需要有个度的把握，如果过了就会捆绑住我们的手脚，会减少我们可以争取的机会。因工作原因，我需要经常聘请国际国内各专业领域的顾问、导师来为我们的客户服务，我问过至少20位这些行业中的头部引领者："您的分享和授课中，最满意的是哪一次？"百分之百的回答是下一次！为什么是下一次呢？因为一个成长中的人不会满足于当前的成功，他们更期待下一次的改善并趋于完美。而我也看过听过很多表达者对我说："我那次表达弱爆了，我再也不去进行公众表达了！"如果因为自己一次在某个地方的表现不好就放弃了以后的改进，会失去的更多。接纳自己的不完美，坦然面对听众，挖掘自己的潜力，甚至探索更有魅力的自己，才能让我们在公众表达的路上不断发现更优秀的自己。

三是来送礼物。状态，来自于内心。内心想什么，状态就会表露无遗，面对公众表达，有个绝好的心态调整方法就是每次分享发言前都告诉自己："我今天是来送礼物的！"大家想想，任何的平台邀请我们去做分享发言，都有邀请的理由，平台不会因为我们平庸至极而邀请我们，一定会因为我们在某一领域、某一方面有专长而邀请我们。所以，我们把优势变为礼物，把礼物自如地送出去。这个礼物也许是一个思想、一种精神或者是一项经验。总之，一定是你已经拥有了它，你现在只需要采用表达的方式送出去。再来想想，送礼物的目的是什么？是为了帮助听众能变得更好、更专业！当我们确定是去送礼物和提供帮助的时候，我们内心涌起的只有"大爱""利他""全力以赴"。试试看，用这样的思维模式，一定能帮助你缓解甚至打消表达中的紧张、焦虑和担忧！

第二节　气场的修炼

我们会对一些身边人做评价:"这个人很有气场!"气场是什么?气场被称为"让你更强大的神秘力量",每个人都有自己专属的气场,它是你我独特的"名片"。

说到气场,不得不提一部历史剧《芈月传》。该剧讲述了中国历史上第一个被称为"太后"的女人——战国时期秦国女政治家芈月,波澜起伏的人生故事。如果你不喜欢宫廷剧,也建议去看看第70集芈月一段七分钟的精彩演讲,演讲的背景是:秦王嬴驷去世后,秦国动荡不堪,芈月携幼子颠沛流离、历经千难万险回到秦国,幼儿嬴稷登基,太后芈月掌权,因权力争斗芈月被刺杀,被义渠王救下后召集禁军将士到宣室殿前进行训诫。在政权不稳、军心不齐、内忧外患之际,她恩威并施,逐步推进,以情动人,以理服人,深谙人心,激励鼓舞,没费一兵一卒,只靠七分钟的演讲就平定了内乱,收服君臣之心,化敌为友,立威朝野上下。从这段公众表达中,我们可以看到芈月眼中的自信、内心的强大,真正让我们体会到气场的力量。

芈月的演讲成果:万千将士欢呼:"我们敢,我们能,我们做得到!太后、太后、太后!"造反将军跪地说道:"太后,臣有罪!请治臣的罪!"芈月说:"你们有罪,但你们敢于认罪!你们个个都是勇士,我此刻不治你们的罪,我要你们去平定内乱,去沙场上将功折罪,做得到吗?"反臣们说:"臣做得到!我们敢,我们能,我们做得到!"

隔着屏幕，都能让人感受到那种霸气、激励和振奋，那种无法抗拒的气场！这是一种何等强大的内心才能塑造的气场？值得我们去探寻、去思考、去学习！

而在现代职场，有了气场就会有吸引力，无形中就会有影响力。我认为一个人的气场主要由以下要素构成：知识的积累、内在的自信、外在的稳重、健康的身体。

知识的积累在于平时的学习，看书、听课以及关注行业动态、经济形势、国家与世界变化、历史发展的轨迹，学习专业方法、哲学理论、诗词朗诵等，这些都能让我们拥有更多知识的积累。一个有知识积累的人也会更加自信和稳重。

内在的自信来自于对自己专业能力的自信和对自己不完美一面的接纳，这似乎有些矛盾，但这是建立自信很重要的部分。我们虽然有丰富的经历和专业的沉淀，得到了市场的认可，但很多时候并不代表我们的认知是正确的，我们自信地分享自己所沉淀积累的知识，但也要对自己在某一方面有可能遭到质疑有心理准备。有了心理准备才能更自信地去面对自己的不完美。所以，内在的自信包括对自己能力的自信，也要包括对自己不完美的接纳，这样才能自信又谦逊，这才是一种真正的气场，而不是压倒式的气场。

外在的稳重是内心状态的表现，内心保持谦卑、尊重、反思会呈现更稳的外在。一个人能做到稳，是基于对自己和现场的掌控，不会因一时的突发状况慌乱、甚至失态。对自己的掌控在于对内心活动和外在行为的掌控，内心的笃定、从容，会表现在外在的每一个微动作上。对表达的掌控主要表现在微笑、眼神、正向的语言中。微笑会传递一种亲和力，也会传递一种包容谦逊的态度；而眼神总会把我们内心的活动流露出来；语言的积极正向也会折射出我们内心的正念和坚强。

俗话说：稳生定，定生慧。心态稳、言语稳、行为稳，能让我们有更多的觉察和思考，能让我们不是只把注意力放在迎合外界对我们的评价上，进而反观内心和听众的需求，生出更多的智慧。

拥有健康的身体，是气场体现的要素之一。健康，带来的是气色好、精气神足、说话声音洪亮、走路有力带风、眼睛炯炯有神。而在公众表达中，需要有底气十足的感觉。要有健康的身体，就要有良好的工作和生活习惯。

情绪的管理是身体保持健康的条件之一。中医说：百病生于气。七情过激，会想气机，伤及脏腑，从而导致各种病症的发生，或者使病情加重。比男性更感性或敏感的女性尤其要重视情绪的管理。如今时代的发展、市场的竞争、环境的变化，总会让人应接不暇，危机时时存在，会让人处于紧张、焦虑、易怒的状态中。如果情绪长时间得不到缓解，必将造成身体的不适甚至是病变。保持情绪的稳定，先处理好心情再处理事情是女性高管在职场中、生活中都需要时时提醒自己、不断修炼精进的部分。我经常使用情绪管理的方法是：要发怒之前，先想想这样做是否可以解决问题？如果不但不能解决问题，还会让事情变得更糟，那么既然达不到目的还会有更负面的影响，我何必为之？我时时告诫自己：成年人处理事情的思维应该是以结果为导向，而不是以宣泄为目的。当我们处理好了情绪，健康自然可见。

气场的养成需要平时持续的积累与训练，时时提醒自己对气场的重视，相信每个人都可以有自己独特的气场。一个有气场的女性会拥有更多的机会，因为气场是一种气质的表现，更是一种魅力的展现。

第三节　信任关系的建立

吸引力法则，是指思想集中在某一领域的时候，跟这个领域相关的人、事、物就会被吸引而来。公众表达中也是如此，当表达者具有快速与听众建立共鸣、建立信任关系的能力，就会深深地吸引听众。建立信任关系是公众表达中的基础，首先我们要有建立信任关系的意识，没有听众对表达者的信任，接下来的表达都是白搭，因为听众不会听一个不信任的人讲话。

全球最著名的咨询公司麦肯锡早在多年前就有了信任公式的建立，即信任=（资质能力×可靠性×亲近程度）/自我取向。他们主要用在咨询服务中与客户建立信任关系，包含了资质、能力、靠谱程度、熟悉度和自我取向。

为了在公众表达中应用该公式，我仔细进行了研究和实践，根据实际的需要把该公式转化成：信任=（可信度×可靠度×可亲度）/私利度，我们暂且把这个公式称为"公众表达中的信任公式"。我们来细细分析，首先这个公式是由分母和分子达成"信任"结果，分母只有一个要素，就是私利度；分子由三个要素组成，分别是可信度、可靠度、可亲度。它们在公众表达中分别代表什么？

可信度。可信度指的是一个公众表达者的资质、专业、经验。具体来说，你是某个领域的专家，具有何种职务或者拥有

第二章 女性在公众表达中的吸引力

哪些稀缺又有权威性的证书,或者你曾经服务过哪些重量级的头部企业,解决过哪些比较棘手的问题等。这些信息的构成是要解决听众"为什么要听你讲"的问题,如果这些信息不能精准真实地传递给听众,听众会认为:"我不听你讲我不会损失什么。"如果这些信息一开始就传递给了听众,会让听众提前了解听你讲的价值、意义,甚至是不听就会有"损失一个亿"的感觉。所以,我们需要在开始表达时就亮出自己建立可信度的招牌。记住,要确保资质、专业、经验都是真实的,这很重要!

可靠度。可靠度是通过表达者解决问题的能力来体现的,包括领导力、沟通力、职场通用能力或者在某个领域的专业能力等。这些能力主要表现在你曾经为哪些平台、企业解决过哪些问题。而这些,就需要根据不同场景来罗列你曾经的业绩或结果,当然要罗列的是最有代表性、差异性、独特性的业绩。还要学会用关键数据来呈现,数据可以增强真实性和冲击力。

当然,一个人的靠谱程度,在公众表达中还可以表现为态度、语言、肢体。当我们需要表达时,态度的谦逊、语言的恰当、肢体的自然决定了我们是否可靠。在我们还没发声之前,听众看的是我们整个人的外在,包括着装和神态,这时候,听众已经开始在内心默默打分。当你开始发声时,从语言和语气都能听出你的态度是什么。在肢体动作表现中是尊重听众的,是谦逊低调的,还是俯视高傲、不可一世的?听众只会去聆听一个他认为可靠的人作的分享。

可亲度。可亲度指的是人与人之间的亲近程度,在公众表达中的具体表现是亲和、亲切、温暖。表现亲和最好的方式是微笑，不需要露出八颗牙齿，只需要真心；亲切可在神态中、言语中得到体现；而温暖是让听众感受你内心的大爱和包容，想靠近你，向你请教，与你合作。当听众产生可亲度的时候，才会与表达者产生共鸣，让表达者内心充满温暖。

私利度。在公众表达的信任公式里，非常重要的因素是私利度，因为它是公式中的分母，假设分子三要素不变，分母越大，结果越小。私利度指的是一个人只为自己谋私利的程度，在公众表达里体现的是：你只想卖东西！从一开始到结尾的表达里，只有我的产品有多好，我的公司有多好，你们用了我的产品会有多好。在表达内容里，只有产品和公司介绍，更可怕的是现场做打折促销。如果不是到了菜市场，我都不建议甚至应杜绝在职场表达中一上来就卖产品，这样会造成一种贱卖产品的感觉。有句俗话说：世界上有两件事情最难，一个是把自己脑袋里的东西装到别人的脑袋里去；另一个是把别人口袋里的钱装到自己的口袋中。我们在公众表达中，先解决把自己脑袋里的东西装到别人的脑袋里，建立信任关系，别人口袋里的钱才有可能装到自己的口袋中。如果你一开始就想达到获取私利的目的，往往会离目的越来越远。

获得听众的信任，要有把私利度转变为"成就他人"的能力，或者用稻盛和夫先生的理论来说叫"利他"。首先从改变自己的思维开始，今天的分享是来送礼物的，把自己多年的经验、困难、收获用有效的方式进行讲述，是为了帮助听众在某个领域有思考、关注、提升，然后从内容的构建来体现"成就他人"。我们从卖产品转变为解决问题、解决痛点，让听众有种恍然大悟的感觉，信任关系会自然建立，听众不会把你当成一个"卖产品"的人对待,而会把你当成一个"帮助他解决问题"的人对待。所以,从思维到行动,表达者都需要进行"成就他人"的转变。私利度越小,信任度越高。

公众表达中的信任关系建立,是解决听众愿意听的方法之一,也是提升吸引力的重要途径。

第四节　态度决定状态

不知道大家有没有亲身经历过,答应了一次公众表达的邀请,但因为突发事情影响了准备,最后只能硬着头皮上台分享,没有给听众留下任何印象。人家有没有看过分享嘉宾在台上说"很抱歉,太匆忙了没准备充分,大家多体谅"之类的话?如果你是表达者,你希望听众怎么回应?如果你是听众,你的内心是怎样的感受?你是不是想说:"你为什么答应了又不好好准备呢?你为什么没准备好还要来分享呢?这不是浪费大家的时间吗?"可想而知,这次分享的结果一定不会尽如人意,更不要说传播力了。

所以,公众表达中的态度包括了表达前的准备、表达中的呈现、表达后的总结。

表达前的准备包括:了解会议主题、会议对象,明确自己要表达的主题、目的、内容、结构、时长,以及进行练习等。向主办方了解会议主题和会议对象是为了让自己的表达更有针对性。然后确定自己的表达主题、目的、内容、结构、时长等,反复斟酌和打磨,一边练习讲一边增强记忆,在内心有了多次在表达场景中的模拟,慢慢从陌生到熟悉,从读稿到脱稿，从生硬到顺畅，做好充足的准备工作。表达前的准备决定了表达中80%的呈现，为什么不是100%，因为现场还有可能会发生突发状况，这也会影响表达中的呈现。我们答应任何公众表达的邀请时，就要想好是否可以准备充分、准时分享，因为一旦发言，就要记住公众表达有效性的四个标准：愿意听、听得懂、记得住、可传播，并以此去做充分的准备，只有这样才能与听众达成双赢。

表达中的呈现除了状态的呈现还有内容和技巧的呈现。表达中的状态呈现是对我们准备工作的现场检验——我们能否按照之前准备的目的、内容、形式正常推进，能否顺畅地、甚至超常发挥地去完成，能否正确有效地化解突发的状况。在现场表达中，我们会坚定自信地走到分享台合适位置，用合适的语速、放松的表情、谦卑的态度和具有穿透力的声音开始今天的表达。我们会放下忐忑、焦虑和恐惧，会放下过往太多贴在自己身上的标签，不再要求自己迎合并满足每一位听众的要求，在脑海里呈现的再也不是表达不足后大家对我们的打压和冷眼，而是一次次出现听众给予的认同和回应。我们会专注于当下能给听众们带来怎样的思想、精神和方法，让听众们因为今天的分享而带来内心的唤醒、价值的认同和行动的开启。我们需要保持正面、积极和沉稳的状态，保证主题明确、逻辑清晰、精准表达，让现场的听众能把我们分享的内容牢记于心，除了让自己开始有所行动，还能去给需要的人群进行有效的传播，让更多的人因为口碑相传而受益。

表达后的总结是把表达中的表现进行复盘，包括状态、内容、应变、听众的现场表现、主办方的反馈等，我会从几个方面进行总结：我哪几点是做得最好的？在哪些方面需要改进？如何改进？总结是对自我的一种反思，听众看不到，但自己能感知到，这也是一种态度的表现。每一次公众表达都值得我们去复盘，保留优质的部分，改进不足的部分。我的建议是，写表达书面总结，可参考以下表格制作（见表2-1）。

表2-1 公众表达复盘改进表

表达主题		表达目的		表达对象	
表达结构		表达时长		表达满意度（非常好、良好、一般、差）	
表达复盘					
可保持					
需改进					

第五节 关注形象就关注了印象

当我们受邀去参加某个主题的分享时，当我们有机会站在更多公众的面前时，我们的内心是否对自己的外在形象有所要求，我们是否想过将以怎样的形象获得公众的吸引。人们常说，第一印象很重要，因为会在公众的大脑中形成主导地位，并影响着我们以后的行为活动和评价。第一印象并非总是正确，但却总是最鲜明、最牢固的，并且决定着以后公众对我们的认识。

当我们还没开口说话时，印象是由外在的装扮来决定的。在众多公众表达场合，我们经常看到的三种现状是：外在装扮太随意、外在装扮不合时宜、外在装扮很得体。

外在装扮太随意。这会影响一个公众表达者的吸引力,甚至是影响力。

外在装扮不合时宜。女性高管在公众表达场合需要注重外在装扮但不能过度,比如:身穿隆重的礼服、化着浓妆等。

外在装扮很得体。这让人看上去舒服,从而可产生信任感。

什么叫得体的外在装扮呢?我们"从头到脚"来讲述。

从头来说,就是我们的头发如何打理?首先要保证头发的干净,不能看上去像很多天没有洗头的样子;其次要顺滑,也就是头发不能干枯毛躁;最后是发型,在公众表达场合,如果是短发,建议要梳理顺滑,刘海不遮眉毛,必要的时候上一点点定型水,如果是中长发或者是长发,建议扎起来或者盘起来,当然是用韩式盘法,不过于隆重但很职业,不需要使用发花、带水钻的头饰等,因为越简单越高级。我见过很多上台进行公众表达的女性高管会把长发披散着,这会让人感觉不够庄重和重视。

接下来说耳朵,也就是耳环的搭配。如果有佩戴耳环习惯的女性高管,建议搭配钻石、珍珠等材质,会增强时尚、高级的职业感,并且配搭基本款最佳。切记不要戴长链状耳环,因为在讲话时长链状耳环的晃动会影响听众对你表达内容的注意力,而失去了公众表达真正要达到的目的。长链耳环更适合在晚宴或生活中佩戴。

再接下来说面部,平时养成修剪眉毛的习惯,来保持眉毛的规整。面部的妆容很重要,现代人可以在网络上学习专业的化妆术,但应用于公众表达中的化妆需要精致不是浓郁,特别需要注意的是保持面部不卡粉，选择合适的口红色度和浓度。口红可以帮助我们调整气色，增强女人味，我经常说："口红是女人的享用专利，一定要好好用起来。"我们和女性姐妹们经常分享一个已经达成共识的话题叫作：一支口红就是一个女人的秘密武器之一。只是我们需要学习选择适合不同场合、适合我们自己的口红而已。

说完面部，最后我们一定要说一下着装。着装在公众表达中非常重要，在外在形象的塑造中会决定给听众的感觉。一般建议最好的着装方式是职业套装，裙装套装或裤装套装均可。套装的优点是统一感比较好，不需要专门搭配。套装搭配最简单的就是内搭吊带背心，尽可能选择纯色套装和吊带背心，花色套装相对比较挑人。如果选择的是裙装套装，注意袜子的搭配，从礼仪礼节上说一定要穿袜子，可以穿超薄连裤袜，颜色选择近肤色的或者浅色系，如果选择的是深色，比如黑色、深咖色等，在服装的搭配上要求会更高，而近肤色的袜子适合于任何颜色的套裙。在公众表达中的着装，有很多值得我们去学习的典范，比如电视台的主持人等公众人物，可供我们参考学习。

最后是鞋子的搭配，避免穿五花八门的鞋子。一般我会建议大家穿皮鞋，款式为前后包脚，颜色以纯色为主，主选黑色、白色、米色、裸色，不宜选红、粉、蓝、绿、豹纹、印花等颜色。鞋跟高度为 3~6cm 的中细跟高跟鞋，根据个子的高低来进行鞋跟高度的选择，但一定不要穿粗跟或平底鞋来搭配套装。高跟鞋可以提高女性表达者的气质和身形，还能提高视觉的立体感，更能显示出女性的优雅与风情，但忌讳穿"恨天高",因为不好掌控。

从着装上来说,在公众表达场合忌穿透视装、超短裙、紧身服、花色系、拖地裙、闪亮服、露背装,因为此刻需要展示的是公信力,用服装来增强听众对表达者的信任与接受。

现代女性越来越重视饰品的搭配,但有时会用过头。从颜色的搭配来说,配饰颜色一个色系比较好,颜色多会显繁、甚至显俗。从数量来看,全身配饰尽量不超过三种,多了也会显俗。比如:选择佩戴耳环、胸针、戒指或者耳环、项链、戒指,要注意的是耳环以水钻、珍珠材质的耳钉为主,不佩戴长链子耳环以及过于个性时尚的耳环。项链以简洁大气的珍珠款式为主,戒指戴一个足矣,切记任何公众表达场合都不能佩戴脚链。配饰只是让着装锦上添花,如果过了,会让听众的注意力分散。

第三章

女性在公众表达中的说服力

当我们有了吸引力，解决了愿意听的问题，接下来要准备的是说服力，因为光有吸引力，没有说服力，会像空架的房子一样，经不住大风大浪。如果光有吸引力，会让表达者像花瓶，给人外强中干的感觉。而说服力，主要表现在表达内容的构建。内容为王在公众表达中依然适用，那么如何构建让听众听得懂、记得住、可传播的内容呢？

一个完整的公众表达内容的构建包括开场白、主体内容、结束语三个部分。

第一节　开场白的构建

开场白就是一开场要说的话，开场说什么更能吸引人？开场说什么才能带动气氛达成破冰？开场白的头三十秒非常关键，往往会让听众做出选择：好听还是不好听？愿意听还是不愿意听？要不要继续听下去？开场白说好了，会让我们接下来的表达更加顺畅。

一、六式开场白

提问式。用一个或几个问题来作为开场白是一种很有效的方法，会吸引听众注意力，会把现场的氛围集中到表达者身上，会促进听众的思考和回应。但是一定注意提的问题需要提前设计好，问题要与当次分享表达主题密切相关或者有关联，这样才能体现表达的逻辑和问题的价值。比如，我在给女企业家们分享"女性领导力"主题的时候，开场会问："各位姐妹，在互联网时代、经济不景气时期大家还好吗？"一般女企业家们会有三种答案：好、不好、一般。或者我会问："各位女企业家们，创立公司容易吗？"一般也会有三种答案：容易、不容易、还行。再或者我会问："各位女企业家们，在管理团队中会有困惑吗？"一般会有一种答案：有。我们来看看以上三个问题的特点，都是相对封闭式问题，答案比较明确，可以在短时间内达成一答一问，这点在开场白里非常重要，我们通常称为掌握节奏感，开场白需要干净利落直入主题。如果采用开放式问题，就会出现多种答案，对表达者来说需要专业控场、现场整理思路的能力，如果不具备，会被听众的答案所扰乱，自己反而搞不清楚脉络了。所以，开场白用提问法，要提前设计好，尽可能使用封闭式问题，并且一般连续性提问控制在三个以内，过多的问题会让听众有压迫感，失去提问应有的吸引力。记住，有品质的开场白不会问"大家吃饭了吗？""大家吃饱了吗？"之类的问题，因为这类提问首先与当次主题没有相关性（除非讲与饮食相关的话题），其次这类问题显得平庸无趣，不能引起听众的好奇和思考。

叙事式。叙述一件事情的发生作为开场白是表达者经常使用的方法，比如我在"女性高管公众表达力提升训练营"公开课里曾讲过"训练营从2019年开启至今已经三年有余，成功举办了12期初阶班和4期中阶班，有超过200位女性高管参与其中，并在学习与改进中不断成长为专业的表达者。"我叙述了训练营公开班的发展历程，能让听众对训练营有基本的认知。

再比如，我为客户内部的班组长培训班做开班发言时说："我今天开车到会场的路上听了一本书叫《麦肯锡方法》，主要讲了全球著名管理咨询公司麦肯锡解决问题的高效分析方法，包括结构化、系统化、基于事实。我对基于事实非常有感受，我们今天面对的事实是市场下行、竞争更加激烈，我们班组长面对的事实是企业正在进行大型技改，需要配套的管理与技术，所以培训就要一步步来解决班组长现场管理的能力，来适应公司的各项变化。"

我们发现，叙事式就是在开场时叙述一件事，而这件事一定要和当次表达的主题有相关性，我们要借由对一件事的叙述来引出接下来的内容。这样的方法运用恰当了，会让听众感觉引人入胜又有内涵。

开门见山式。例如开场白直接说："欢迎大家的到来，第13期女性高管公众表达力提升训练营正式开启，让我们一起走入蜕变之旅。"开门见山，就是不绕山不绕水、不铺垫，开口就进入主题，只需要把话说清楚。这是最简单的开场白方式，优点是容易掌握，但不足的地方是因为缺少铺垫会降低听众的吸引力，所以在分享表达时间特别有限的情况下推荐使用，也推荐在会议氛围、形式比较正式严谨的场合下使用。

故事式。讲一个故事，吸引听众的注意力，例如，2019年，我们云南省女企业家协会的一次走访会员活动中，当时需要被走访企业的创始人（总经理）出来做分享，刚分享了几句话这位姐妹就开始流眼泪，变得词穷，最后只能草草了事，让大家自行随意看。分享没有成功达成，我在下面很着急，这是一个多好的推广自己企业和品牌的机会啊，但她似乎错失了。她下来我就问她为什么会流泪。她说想起了自己创业的艰辛，同样作为创业者、公司的创始人，我非常能感同身受，只是我们更需要选择合适的场合流泪，在这么好的客户群体面前，我们要学会清晰地介绍自己的爆款产品、介绍自己的企业文化，学习用最低的成本去触达最大的价值，与其用眼泪获得同情，不如用汗水获得认同。从那时起，我就想，我要尽我所能，开设公众表达力提升训练营，去助力有表达需求的女性，所以一直走到了今天。

这是一个为什么要做训练营的故事，可以用在我的公开课的开场，大家听了这个故事会有什么感受？现场就有多位学员表示："我也会这样，我也会说着说着就想流泪。"有没有感觉故事会快速拉近表达者和听众的距离，通过故事来引出要表达的底层逻辑。当然，一定要记住，故事也一定要和当次的分享主题有相关性。

幽默式。幽默是美好生活的调味剂，在公众表达中也是与听众建立情感纽带的绝佳工具，能快速活跃气氛、释放紧张压力。有的人，天生长得幽默。我记得在昆明某剧场就有一位长相幽默的演员，我一看到他就想笑，不是长得丑，而是幽默。还有我去年去天津时听了一场相声表演，也发现有的相声演员就是一副很幽默的长相，还没开口，看到就想笑。但长得幽默的人毕竟是少数，我们长相不幽默就得学会语言幽默，用幽默的方式进行开场可以非常有效地吸引听众。幽默的方式有很多种，可以根据自己的风格进行选择，但切忌不能装幽默，更不能拿听众或者某个不在场的人开玩笑充当幽默，幽默展示的更多是表达者的豁达，而不是挖苦打击。幽默是需要学习的，也是可以积累的，平时我们多收集幽默的语句和故事，去体会其中的真意，然后用自己的方式进行表达，你会发现，你也可以很幽默。

抒情式。开场的时候用抒情的方式是女性可以经常使用的方法,这既可以体现我们自带的感性,又能快速建立亲和力并拉近与听众的关系。比如,我在训练营以这样的抒情式开场:"人生每天都是美好的遇见,当冷遇见暖就有了雨季,当冬遇见春就有了岁月,当天遇见地就有了永恒,当女企业家遇见女企业家,就有了蜕变与成长。"这样的开场,既有抒情的一面,也有与当次主题连接的一面。但是注意抒情的时间一定不能长,我建议不超过30秒,快速把大家拉到我们要分享的主题中来,这样会吸引听众的注意力,会感觉到节奏的恰到好处。还要注意抒情的时候不要讲"今天天气真好,蓝蓝的天,白白的云"等已经用得乏味的语句,会让听众感觉没有深度和内涵。抒情内容的设计也是需要提前准备的,一定要和当次主题有相关性,或者可连接性。

二、句式构建

对于很多女性朋友来说,开场不知道说什么好,所以总会显得情绪紧张、语无伦次,不能开口就吸引人。关于开场白的内容设计,如果您是初学者,我想与大家分享最有效的一种句式构建:

问候欢迎 + 自我介绍 + 主题介绍 + 表达目的

问候欢迎。对到场的听众进行问候和欢迎,只需要注意其正确性。比如"大家早上好!""下午好!""晚上好!""现在好!"问候中还需要讲究顺序,如果在听众中有不同级别的领导,顺序为从高级别到低级别,只需要对重点领导进行问候,其他人用"各位嘉宾朋友"等称呼,所以,我们进行公众表达时,一定要提前弄清楚来参加的人群构成。问候结束就说:"非常欢迎大家来到×××的会议或论坛中……"之后开始自我介绍:"我是来自×××……我今天分享的主题是……(主题介绍),希望通过今天的分享,能让我们一起……(分享目的)。"问候欢迎忌复杂,不需要把所有人都欢迎一遍,也忌绵长,显得无味,问候欢迎代表了我们的情商和专业的展示。

在这个句式里面,主题介绍和表达目的非常重要,当我们去听一个分享时,非常希望清楚我们来听的是什么,听完以后有什么收获,或者要达到一个什么目的。每个人的时间都是有限的,级别越高的人时间安排得越是紧凑,越希望自己的时间花在刀刃上。如今快节奏的时代,没有多少人是混时间的。而一个人最大的焦虑是"对未知的不确定性",当公众表达者告诉听众今天要分享的主题以及分享的目的时,才会让听众放心,才会放下焦虑。对公众表达者自己来说,也会因为有了主题和目的,不会迷路,不会偏题,不会不知所云。就像在小学时候学习写作文一样,老师一定会告诉我们主题就是中心思想。主题和目的的确定会让我们去提炼内容、更加聚焦,越聚焦越能讲清楚,越能有深度,才能达到在公众表达四个有效性中的"听得懂""记得住"。

当然,如果您已经是熟练的公众表达者,不一定非要按照"问候欢迎+自我介绍+主题介绍+表达目的"的结构来分享,您也可以有变化地选择和构建适合当次听众和氛围的内容。所谓"熟能生巧",当我们已经非常熟悉和熟练的时候,一定会产生更多有效的内容构建。

三、自我介绍

不知道朋友们有没有遇到过,听完一个人的发言、分享,我们自始至终都不知道这个人是谁。为什么不知道呢?因为她没介绍!为什么没介绍呢?是没有意识、没有养成介绍自己的习惯。公众表达四个有效性中最后一项是"可传播",如果我们的发言很精彩,听众一定很自愿地去向外界传播,传播时说起是哪位(姓名)分享的会增加宣传效应。所以,自我介绍很重要,如何做有效的自我介绍更重要,因为它解决了听众是否愿意听的问题。之前我们说过,听众在表达者的开场白里会做选择,选择听还是不听,自我介绍做好了,会提高听众愿意听的选择率。为了有效应用,我给大家分享一个自我介绍的公式:

关键数据 + 成就事件 + 可提供的价值

在过去的管理培训中,我们经常与学员们分享,在职场中要有"三商",即智商、情商和逆境商。而今天,我想加一个商,就是"数商",这是职场中所有人都应具备的商,"数"中自有颜如玉。这是怎样的时代?大家都会说:这是一个数字化时代!数字化时代的特征就是用数据去做更多事实的呈现和分析,数据往往呈现的是真实、直白、经验等,清晰的数据能增强我们的理性表达,与听众建立良好的信任关系。

比如:"我已经有很多年的工作经历""我已经工作了十八年"这两种表达,哪种更能让你感觉有说服力?当然是后面带有数据的表达,因为清晰、确定,更容易体现真实性和建立信任感。我问过很多女企业家学员:"为什么你们不使用数据呢？"大家的回答基本都是："没想过！没梳理过！没想到数据的作用有这么大！"

其实这是意识层面的问题，当我们没有在意识层面有所感知的时候，行为也没有改变，所以，我们首先要在意识层面建立"数商"的概念，然后形成数据整理和统计的习惯，最后经常性地使用。

关键数据，是指在你的人生或者职场经历中的重要时间点。我们在公众表达中要选择关键数据来表达，因为时间有限并且要让听众感兴趣。

举一个例子：我在训练营的自我介绍：我在国企待过十年，做职业经理人八年，创立公司十二年，到今年已有三十年工龄，在管理咨询和培训行业有二十年从业时间，创立公司后带领团队完成了至少 300 个人才梯队建设项目。

不知道大家听完是什么样的感受，我问过训练营现场的女企业家们，她们说："听上去很有经验！感觉很厉害的样子！引发了我的兴趣，想听听这些经验能带给自己一些什么启发和成长。"有的人还说："三十年工龄，年到半百的人看上去比实际年龄年轻，是怎么做到的？"听众做了选择，激发了她们想听听看的期待！如果我换一种表达方法："我叫马琳，在国企待过很多年，后来做职业经理人有几年，目前自己创立了公司也很多年。"比起前面的描述，大家会更信任哪一种呢？大家一定会说，有数据呈现的更能建立信任，因为有数据会有真实性。

也有女性朋友问我，这么介绍自己，会不会有自我吹捧的嫌疑？不会，只要你说的都是真实的就行。说出来不是为了炫耀，而是为了让听众更多地了解你，去帮助听众做"是否愿意听"的选择。在数字化时代，我们更要学会用数据来增强说服力，这里要好好分享一下在公众表达中关于数据运用的重要性，比如发生在我身上的一件事：

我的妈妈是位厨师，能做很多美食，我一直忙于工作，对做菜也生疏了，就求助老妈教我做"红烧牛肉"。教学开始了，老妈说："放油少许。"我问："少许是多少？"老妈让我自己估量。老妈接着说："放一点草果、八角、姜丝、蒜片等。"我问："老妈，放一点是放多少？"老妈皱了一下眉头，又让我自己看着办，我继续傻眼。这样的方式我不可能快速学会做红烧牛肉，因为老妈说的都是经验，而且经验都是靠感觉来达到的，而对我这样一个新手是没有经验的。如果变换一种方式，把老妈的语言用数据来表达：油3两、佐料5克、翻炒8分钟……是不是会让我更加清晰呢？

成就事件，就是帮助过别人、成就过自己的事件。比如我在自我介绍里会说：从2019年到现在，我已经为近2000位女性管理者提供了"女性公众表达力提升"培训与训练，助力大家在各个领域用公众表达提升自身影响力，这个主题培训已经成为女性职场中必学的能力之一。再比如：贤马管理顾问机构从成立之初到现在十二年间，已经为不低于300个中大型企业提供过专业管理咨询和定制化培训服务，获得客户的信任和肯定。这些都是成就事件，都是通过帮助别人、成就自己的事件。

有女企业家和我交流，这么去说成就事件，有没有一种"王婆卖瓜，自卖自夸"的感觉？我说："没有，这是两种感觉，我们只是在陈述一个事实、过程和结果，用数据来体现真实性，我们没有一味地说'好、好、就是好'，而是把成就事件用总结性的语言、数字化的体现进行了表达，我们只需要保证真实性。而好与不好不需要我们来评判，而是用用户、听众的语言来表达。"

成就事件往往展示的是我们的专业能力和经历，女性朋友们需要进行梳理和总结。所以，现在拿出笔，在纸上开始罗列和整理自己或公司过往因帮助过别人、帮助过客户让我们获得成就的事件，我们很多时候缺的不是成就事件，缺的是没有梳理、总结和记录的习惯。

可提供的价值，就是你能为大家提供哪些专业的产品或者服务。这个部分很重要，因为要让听众知道在哪些方面有需求和痛点的时候可以来找你，你能为他们提供解决方案或者直接解决问题。比如，我在自我介绍里一定会说："我个人从事管理培训行业已经二十年，贤马管理顾问机构也是一家成立了十二年、专业提供人才培养、团队建设的定制化管理培训公司，如果大家有领导力、管理能力、专项岗位胜任能力、员工职业化、TTT内部培训师培养等需求，我们愿意尽自己所能为大家提供针对性、实战性、有效性的专业服务。"这么说完，能让听众明白你所能提供的服务有哪些？这个部分建议大家不要把所有可以做的服务全部罗列表达，只需要讲主要业务类别，因为我们强调过，表达的内容要让听众听得懂、记得住，才有可能传播。

四、开场白的禁忌

我们之前说过，开场白很重要，开场白会为之后内容表达的顺畅起到引领作用。开场白也要注意三点禁忌：

禁忌一：无准备。

我们经常听表达者在台上说："我最近太忙了，没时间准备发言稿，不好意思了……"我们会从这样的开场白里听到什么？我们听到的表面信息是没准备好，实际站在听众的角度是"你不尊重听众！"当听众安排好时间甚至是挤出时间来现场听你分享，一开场听到这句话时，不但会让你失去了当次表达可以带来的表达红利，也让你失去了未来有可能再被邀请的机会。做好有准备的开场白，是对听众的尊重，也是对自己的尊重。

禁忌二：太傲慢。

无论我们是哪个行业的专家，还是哪个领域的带头人，永远记住"谦卑与低调"，因为"天外有天、人外有人"，特别是在公众表达场合，它既能传播好的信息，也能传播不好的信息。我曾看到有专家或带头人开场白中说："我以我的经验来做个分享，我是××领域第一人，我是××专业唯一的……大家要认真听，我只讲一遍。""我的时间太宝贵了，要不是因为××领导非要让我来讲，我是不会来的。""我今天要讲的你不一定听得懂，只有大家自己慢慢消化了，能懂多少算多少！"……我们再次来感受一下这些语言，当中充斥着满满的不屑与傲慢。《傲慢与偏见》是十九世纪初期英国女作家简·奥斯汀创作的长篇小说，还记得书中的经典语句：

虚荣的确是一种弱点。至于傲慢，只是一种来自精神上的优越感。

爱是摈弃傲慢与偏见之后的曙光。

傲慢让别人无法来爱我们，偏见让我们无法爱别人。

在开场白里，三十秒就会决定听众对我们的第一印象，当我们的语言里充满了傲慢时，换来的只会是听众对我们的偏见。"傲慢，只是一种来自精神上的优越感"，我很认同这句话，如果再增加一点说明，那就是一种来自"自我"精神上的优越感，而不是外界给予的或认同的。傲慢会体现一个人的轻飘感，与之相对的是厚重感，在公众表达里，是需要厚重感来加持我们的"稳"，在语言里，"厚重感"由"高知＋谦卑"组成，越是有厚重感的表达者，越能在开场白里一举获胜。

禁忌三：太随意。

有些人在开场白中说："不好意思了各位，我太忙了，没做什么准备，只能随便分享一下了。""各位请见谅，我没什么经验，也不会表达，只能想到哪里说到哪里。"……我们说过，一次分享会，是一次很重要的对外传播的机会，能以最低的成本触达最大的价值，如果我们太随意，决定了这次传播的不会是正面信息。一旦我们答应了分享，就要以最充足的准备、最佳的状态去面对。太随意也体现在公众表达中的妆容随意、不修边幅、穿着不适宜的服装，当我们没有足够强大的影响力时，非常需要充足的准备、认真的态度、外在的妆容为我们加分，这会体现出我们对分享的重视，就算分享能力弱一些，也能以态度的端正获取听众的支持。

太随意还表现在用词用语上。2021年5月，我们组织客户去学习，之前和学校要求要请授课品质最好的老师来上课，课程如约开启，老师讲课前，主持人提出课堂纪律的要求：上课把手机调为静音或者振动模式，有工作需要处理请到场外，教室内不随意走动等，邀请主讲老师上台后，老师开口就说："刚才主持人说得太严重了，我们可以轻松一点，不然搞得像上坟一样……"我心头一紧，心想老师"开口就自杀了"，果然，学员们一片哗然，没到三分钟，坐在第一排的一位领导站起来走了出去，我紧随其后，领导对我说："这是什么老师，把我们班开场就说成上坟！"

我特别能理解和体会领导的心情。从公众表达的角度来说，这位老师的开场没有破冰而是破场了，什么是破场？就是破了自己在课程中应有的气场、磁场，不但没把学员们的注意力集中，反而引起了不满甚至是反感，接下来你讲得再好都已经是亡羊补牢了。而对于靠讲课吃饭的老师来说，你一定会失去更多被邀请的机会。

以上三种禁忌我通常把其统称为"自杀式开场"。面对这种开场白，听众已经做了"愿意听"和"停止听"的选择。无准备、太傲慢、太随意是我们在公众表达中时常会看到的场景，有的是因为无意识造成，有的是因为内心的想法造成。我们需要重新建立意识，也可以问问自己的内心，去感知我们自己的需求，寻找听众的需求。当我们承认自己的不足，妥协于自己不是"第一人"时，我们在公众表达中就能做到不卑不亢。

第二节　主体内容的构建

开场白很重要，接下来的主体内容构建也很重要，它体现的是"内容为王"，真正能体现公众表达的价值。

一、黄金圈法则

主体内容就是围绕中心思想去做的论述，我们先来看看主体内容构建的黄金圈法则——WHY、HOW、WHAT（见图3-1）。

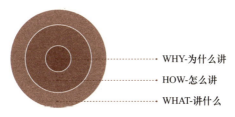

图 3-1　黄金圈法则

按照一般的思维逻辑，都会先思考：我们要讲什么？然后是怎么讲？很少有人会去思考为什么讲的问题，但这恰恰是最能体现公众表达从思考到落地的差异化。

2015年10月24日，扎克伯格首次在清华大学经管学院发表中文演讲，他分享的主题是《为什么创立Facebook？》，他说："今天我想讨论改变世界的话题。很多人会问你怎么创立企业，或怎么解决问题，但是，今天我想要讨论一个不一样的问题，不是'怎么去创立'，而是'为什么创立'，这就是使命的本质。"

他用三个故事分享了自己创业的心路历程。

第一个是相信你的使命；第二个是用心做；第三个是向前看。他说："在你开始做之前，不要只问自己怎么做，要问自己为什么做。你应该相信你的使命，解决重要的问题，非常用心，不要放弃，一直向前看。你们可以成为全球领导者，可以改善人们的生活，可以用互联网影响全世界。"

从扎克伯格的内容构建我们清晰地看到他首先思考的问题是"为什么做",这和我们公众表达中的思考是一致的,我们得先想清楚"为什么讲""为什么是我讲"的问题,因为很多时候讲不清楚是因为还没想明白。没想明白就去讲只会带来负面作用,对我们本身的传播有不利的影响。

我们从黄金圈法则看出,处在最中心的位置是"WHY-为什么讲",这是在公众表达中非常重要的思维模式,"为什么讲"让我们明白公众表达的初心、使命和目的是什么。明白了初心、目的就不会偏题;明白了我们表达中的使命,会更加增强表达者的自信心和责任感。

接下来我们分享"怎么讲"和"讲什么"的方法。

二、"怎么讲"的方法

"怎么讲"关系到我们的主体内容构建,构建中的四点基本要求是:主题明确、条理清晰、逻辑性强、金字塔结构"。

主题明确。就是给表达内容取一个清晰的名字,也就是给内容提炼一个标题,标题的作用是提纲挈领。我们说过,写文章一定要有标题,标题有交代写作对象(人或物)、点明文章中心思想、交代文章写作情感、设置悬念、吸引读者阅读兴趣等作用,在公众表达中有标题,会让听众明白今天的收获。比如扎克伯格的分享标题是"为什么创立 Facebook",让听众一目了然,模糊的表达会带给听众烦躁不安和焦虑,让听众没办法集中注意力来听分享,所以表达者给自己的表达内容提炼一个主题即取一个清晰的标题非常重要,它会避免我们分享中的偏题和迷路,会避免听众选择不愿意听。

条理清晰。有了主题，我们要有理有据地去支撑和诠释主题。我们想说的要说的有很多，但大家的时间是有限的，在叙述表达的时候，最重要的是层次清晰，条理分明，千万不要面面俱到。在现代社会中，没有人愿意听你长篇大论，滔滔不绝，所以你必须在说话时言简意赅，善于抓住重点，精炼清晰地表达。我会建议大家使用"三点表达方法"，即针对某一主题的表明后说"我给大家讲三点""我从三个方面进行分享""我讲三个故事"……

"三"是一个神奇的数字，《道德经》中说："道生一，一生二，二生三，三生万物"。"三"既是有限的终点，又是无限的起点，是万物发展的基数。说到三，会让我们脱口而出与三有关系的典故：三打白骨精、事不过三、三生三世、三足鼎立、三顾茅庐等。就拿"三顾茅庐"这个故事来说，刘备当然是希望去一次或者两次就能见到诸葛亮，但如果去了三次还是见不到诸葛亮，刘备就算再想请诸葛亮也不会有第四次。而诸葛亮心里也是清楚的，我不会这么容易让你一请就请到的。在"三"作为行事标准的背景下，刘备也知道只要诸葛亮想出山，三次一定就能请到他，这个"三"不可多也不可少，少了不合适，多了不必要。

就真的不能说到四吗？不能分到第四个部分吗？其实也未必，只是大家喜欢事不过三，仿佛说到三，心里就踏实了，这是一种怎样的情结呢？瑞士心理学家荣格把类似思想看作是一个人内心深处比自己亲身经历更深刻的东西，叫作"种族记忆""原始意象"。它是先天就存在的，是所有地方和个人都有的大体相似的内容和行为方式，是一种超个性的心理基础。它经过几千年文化的沉淀，又被后人反复实践，并且流传和根植于文化中。比如，"三"代表着美好、完整的认知，以至人们对"三"这个数字的崇拜。

所以在公众表达中亦然如此，我们学会"说三点"，言不在多、达意则灵。从心理上会让听众很舒服，从效果上，会让听众容易记得住。在训练营课堂中，有女企业家问我："如果三点讲不完怎么办？"我说："选择重要的三点讲，我们一定不要一次性把所有内容讲给听众，公众表达中有两个重要的原则：多就是少，少就是多；大就是小，小就是大。"还记得有效公众表达的四个标准吗？愿意听、听得懂、记得住、可传播。怎样让听众记得住呢？就是讲得越精炼越好，人们大脑的记忆是有限的，我们讲得少，听众记住的多才是我们追求的目标，相反，我们讲了长篇大论，听众没记住多少，还有可能选择了不听，结果会背道而驰。如果三点实在讲不完，我们可以选择其中与当次会议相匹配的内容，分成几次表达，本次讲三点，下次再讲三点，给听众留下期待的念想，也比一次性说完好。

"我给大家讲三点"这个方法很重要，会让表达者逼着自己去做重要内容的梳理与概括，去其糟粕、留其精华，让听众听了更有条理性，并且简洁明了。

逻辑性强。逻辑思维是指将思维内容联结、组织在一起的方式或形式。说话的条理，在于对事务的理解，孰重孰轻，孰大孰小，表达者要做到心里有数。说话时一定注意先后的逻辑性，哪些内容要先讲，哪些内容是重点，不要求面面俱到，而是主次分明、重点突出。但在很多时候，我们都是说着东，忽然就牵扯到北，北还没说完，又牵扯到南，最后眉毛胡子一把抓，连刚开始说的是什么主题都找不到了，听众听不明白，就会带来负面的影响。

我给大家分享的让自己表达的逻辑性更强的方法是用时间顺序、空间顺序、重要性顺序来构建内容。

时间顺序，就是按照事情发展的时间顺序来进行表达，既可以是从过去说到现在，也可以从现在说到过去。当我们用时间的顺序来进行表达时，自己就不会乱，不会东拉西扯，而会沿着时间线轴进行有序的表达，听众听上去像听故事一样有趣。

空间顺序，就是根据空间的构造、方位进行表达，一般形容方位的词语有：上、下、左、右、前、后等，我们在表达中先确定从哪里开始讲比较合适，选定后进行顺序的排列即可。比如，我们在介绍一个会议室时，可以从会议室外面介绍到里面，从天花板介绍到地板，也可以从左到右、从前到后介绍。这样的方式，不会让我们遗漏内容，会让听众清晰地跟着我们的节奏一同往前走。介绍公司的时候可以按部门进行介绍，从前线部门到后勤部门等；介绍城市的时候可以按照区域分布进行，比如：华东地区、华中地区、华南地区等。

重要性顺序，就是把表达的内容进行重要性、紧急性等划分，原因是因为听众的注意力集中一般不会超过7分钟，所以我们会把重要、紧急的内容往前讲，次重要紧急的内容放在中间讲，最后简短补充一些可讲可不讲的内容。我们在听众注意力最集中的时候进行重要性、紧急性内容的表达，会达成在公众表达中的"记得住""可传播"的目的。

金字塔结构。在进行公众表达的学习中，一定要读《金字塔原理》一书，作者是芭芭拉·明托，这本书被誉为麦肯锡40年经典培训教材。金字塔结构就来源于《金字塔原理》一书。结合公众表达的实际需要，我们只需要掌握金字塔结构的四个基本原则：结论先行、以上统下、归类分组、逻辑递进。

1. 结论先行：每次公众表达只有一个中心思想，要把它放在表达的最开始。

2. 以上统下：每一层次的思想必须是对下一层次思想的总结和概括。

3. 归类分组：每一组中的思想必须属于同一逻辑范畴。

4. 逻辑递进：每一组中的思想必须按照逻辑顺序排列。

用四个基本原则来要求我们的内容构建时，就会让公众表达者清晰自己要讲什么主题，从哪几方面阐述，每一个方面都有哪些关系。

举个例子：今天下班要去超市买蔬果、生活日用品等，一般人的做法是直接走进超市，想一下家里需要什么，看一下哪里在打折，边看边拿东西，最后因为享受到便宜打折而带着喜悦的心情回家，一整理，你发现有些东西家里都有，甚至超过半年的储存量，你还会发现有的东西买回来没有用处，当时只是因为打折送赠品的原因买的等，结果我们发现该买的没有买，不该买的买了一大堆。

如果运用金字塔结构该怎么做呢？用一张纸或者直接用手机，把今天去超市需要购买的货品用金字塔结构从上往下地构建，首先是一级内容的构建：蔬菜、荤菜、水果、日用品。接下来是二级内容构建：蔬菜包括卷心白、洋葱、青椒；荤菜包括牛肉、鱼；水果包括樱桃、西瓜、红心火龙果；日用品包括厨房抽纸、洗发液、牙膏。咱们看看还可以往下细分吗？当然可以，我们可以构建三级内容：卷心白一斤、洋葱一斤、青椒半斤；牛肉半斤、带鱼一斤；樱桃一斤、西瓜两斤、红心火龙果半斤；厨房抽纸一提、洗发液一瓶、牙膏两支。这样的方式让我们清晰要买的货品，不至于出现该买的没有买，不该买的买了一大堆的情况。

这和公众表达中内容的构建是一样的，如果我们用金字塔结构的四项原则进行内容的构建，就会明确中心思想、先全局后细节、先重要后次要、先结论后原因、先结果后过程。这不但会让听众感受我们的逻辑清晰，还能更好地解决公众表达者在表达中经常出现的问题：该讲的没有讲，不该讲的讲了一大堆，出现混乱、偏题、宏长、没有逻辑性等问题。

三、"讲什么"的确定

最后是"讲什么"的确定。"讲什么"是我想讲什么，还是听众想听什么？我们前面分享过，在公众表达场合，主体角色是听众，所以"讲什么"是由听众要听什么来决定的。当我们接到一个公众表达的邀请时，需要主动和邀请方明确几个基本要素：

公众表达的背景是什么？（会议的主题、会议的精神、会议的目的）

邀请方邀请我分享的原因是什么？目的是什么？

参会对象有哪些？特别是重要与会人员有哪些？参会对象的构成比例是什么？

给我多长时间分享？

需要我注意的地方有哪些？

当我们明确了以上要素后，开始给自己的分享定目的、定主题、定中心思想、定结构、定时间，"讲什么"自然会有明确的方向、会得到确定。演讲本质上是一种观点表达，有观点的内容，才会更有价值。

我们要想讲好一场公众表达，最关键的是要多去思考透过表达带给听众什么样的观点。因为有价值的观点，才会让听众尖叫。所以说：公众表达是一种技术；公众表达是一种能力；公众表达是一种影响力！

在主体内容的构建上，"为什么讲""怎么讲""讲什么"是非常重要的思考流程。它会帮助我们做好充分的准备，梳理出逻辑清晰又具有针对性的表达内容，更能让我们实现"干货满满"，达到在现场充分吸引听众的目的。

第三节　结束语的构建

前面我们讲了开场白和主题内容的构建，接下来要介绍的是结束语的构建。俗话说"编框编篓，重在收口"，意思是编竹筐竹篓时，最重要的是在最后的收口质量上，如果收得好，装在里面的货品就不会掉出来。

公众表达中也是一样的道理，无论开场白说得如何响亮，主体内容构建如何清晰有效，如果结束语匆匆而过，给人的感觉就是之前的内容都会掉出来，没有被接住，会大大影响本次公众表达的效果。

一、有目的地构建结束语

结束语要能在讲述的过程中把重要的内容进行总结和重复，加深听众对主要内容的记忆，可助力有效表达的"记得住、可传播"。此外，结束语还需要对听众有所启发，促进思考，最后达到促进行动的目的，才能为整个公众表达画上圆满的句号。

二、简洁有效的结束语构建公式

总结回顾＋号召行动＋强调好处＋感恩祝福

总结回顾就是把之前的分享内容回顾一下。但要注意在结束语中只回顾主体内容中的重要内容，就是我们之前说的第一点、第二点、第三点，而不是把内容重新讲一遍。用精练的语言进行明确和加强，进行总结性的升华。

号召行动的意思是当我们的表达内容将要结束时要用语言号召大家有所行动，这时的号召行动会让听众有"既能知道，又能去做到"的感受。会让听众感觉本次分享不是虚的，而是可以落到实处、落到实际行动中的。会点燃听众去行动的热情，加深对你分享内容的印象，听众们会觉得受益匪浅。

强调好处在结束语中很重要，俗话说：人们不会去做你认为有意义的事情，但会去做对自己有好处的事情，或者说人的本性都是趋利避害的，这是人的生存本能。所以我们在结束语中要强调开始行动对听众的好处在哪里、有哪些。只有表达清楚对听众的好处才会更有效地激发听众以后的行动实践。

感恩祝福在公众表达中不可或缺。试想一下，当一个公众表达者在表达结束时只说了总结回顾、号召行动、强调好处后就结束了。听众会觉得缺点什么。缺一种有感情的结束，这就是感谢和祝福：感谢各位领导抽空来倾听和指导！感谢主办方的信任和邀请！感谢所有在场朋友的回应和支持！祝福所有人前程似锦、事业更加顺风顺水！感谢和祝福语反映了一个表达者情商的高低。当我们心怀感恩时，当我们表达祝福时，一定会收获更多人的支持和包容。当然最好的方法是感谢和祝福都围绕本次对象和主题进行，这样就更能有点题和升华的作用。

我们机构每隔两个月左右就会组织一期针对"女性高管公众表达力训练营"已训学员的"玫瑰之约——走进企业免费复训沙龙活动"，目的有两个，一是扩大训练营学员的同学圈子；二是在走进企业时，一起回顾在课程中学到的重要知识点和技巧，不但能巩固所学，往往还能温故而知新。记得在第四期活动中我们走进了中阶三期训练营中李总的玫瑰种植和生产企业，在参观完现场后我们会让参加活动的学员用在课堂中学到的技巧进行三分钟的分享，学员们都分享完后我作为主讲老师进行总结性发言，我是这么说的：

今天是美好且值得纪念的一天，我们在安宁八街共赴了一场玫瑰之约，欣赏最壮观的食用玫瑰园，品尝最美味的玫瑰鲜花饼，聆听李总创业守业最感人的奋斗故事。送大家三朵玫瑰：第一朵是玫瑰之心，期待我们每一位姐妹都怀有像玫瑰绽放时的热情之心去对待生活和事业；第二朵是玫瑰之情，希望我们每一位姐妹都能有玫瑰惊艳般的情怀来坚守事业，帮助更多人成长；第三朵是玫瑰之约，期待和每位姐妹总在玫瑰绽放的季节相约而至，彼此成就。

第三章 女性在公众表达中的说服力

在这一段文字中,我用了"三点表达"方法。也许还可以有很多分享的点,但我们一直强调,多就是少,少就是多,宁愿少说一点、说到点子上,这样才能达到让听众"听得懂、记得住、可传播"的有效标准。

总结回顾。我只是总结性地讲述了今天所做的三件事情,没有把之前学员们分享过的细节进行重复,如果这么做会显得乏味无趣,我用最简洁的语言把过程进行了总结回顾。

号召行动。期待各位姐妹能在训练营后牢记方法与技巧,随时保持刻意练习,把方法和技巧转变为自己的习惯,让自己每一次的公众表达都能以最低的成本触达最高的价值。

强调好处。只要成为优秀的公众表达者,能为自己企业或产品代言、为社会正能量发声,就会成为更有影响力的女性。

感恩祝福。感恩各位姐妹学员们对今天活动的支持和参与,感恩李总的接待和分享,祝福每一位姐妹都在不久的将来都成为发出最强音的那朵铿锵玫瑰。

在活动的最后,我号召大家一起拍了一段小视频:真正的高贵,不是优于别人,而是优于过去的自己。这句话是海明威说的,在这里引用,饱含了对所有参加活动学员的激励。大家在互相的感恩和祝福中结束了活动,也满怀着对下一期"玫瑰之约"活动的期待。

三、六种常用的结束语

我们常用六式结束语:回顾式、抒情式、号召式、点题式、祝福式、金句式。

回顾式:回顾重点表达要点。

抒情式：抒发情感的方式。

号召式：号召听众行动实践。

点题式：点出今天表达的主题，突出中心思想。

祝福式：祝福事业发展、生活幸福。

金句式：运用和当次主题相关的名人名家说过的金句。

六式结束语可根据表达场景来选择使用，既可以单独使用，也可以组合使用，但注意不可组合太多，太多就会显得冗长，有种故意凑句的感觉。如果非要六种方式都用上，那就每一种方式只限定一句话。

四、结束语的禁忌

禁忌一：画蛇添足、节外生枝。

在结束语中，这是最常见的问题，明明已经可以收尾告别，无端又引出其他的内容。引出了不讲清楚又不好，讲清楚了又和当次主题没有关系，很容易引起听众的反感。

禁忌二：讽刺挖苦，旁敲侧击。

在说自己的产品或服务有多好时，会用其他同业的不足来进行对比，言语中满含讽刺挖苦。这种表达会暴露出表达者内心的狭隘，只会造成对自己不利的影响。

禁忌三：冗长拖拉、不着边际。

结尾不利落，总是给人拖泥带水的感觉。一句话可以说清楚非要讲出三句话，三句话可以结束非要用五句话，总感觉没那么容易结束。更可怕的是结束语中讲的内容已经和当次分享主题没有了关联，从宽度去不断地延伸，让听众产生焦虑、烦躁不安。

禁忌四：生搬硬套、没有新意。

结束语中会把原本和本次分享主题没有相关性的内容生硬地进行照搬。会让听众发出疑问：这两者有什么关系呢？

禁忌五：头重脚轻、轻率收兵。

这种现象是开场白讲得很多，结束语一句话，造成头重脚轻，会让听众感觉压不住场，甚至感觉不够专业。其实结束语是有救场作用的，如果表达者在开场白、主体内容的讲述中出现问题，比如漏讲、错讲、没讲清楚等，是可以通过结束语进行弥补救场的。所以我们千万别错过救场的机会，在最后的时刻还能挣回影响力的积分。

开场白、主体内容、结束语三大部分构成了完整的公众表达内容，哪个部分都是不可或缺的。因为每个部分都承担着不同的责任和使命，部分与部分之间又有着不可分割的关系，并且都有着自己固定的位置，它们相辅相成，彼此依靠。

2021年，我们去呼和浩特参加"相聚敕勒川、共谋新发展——2021中国女企业家协会相聚呼和浩特创新创业发展大会"，大会现场听取呼市市委领导、中国女企业家协会会长、女企业家代表等发言分享的同时，也领略了内蒙古草原的广阔丰沃，感受了草原都市的无穷魅力。而分享人中令人特别难忘的是呼和浩特市市委领导的城市推荐演讲，简直是公众表达领域的经典模版，我们来看看发言的部分内容（根据现场讲授视频进行整理）。

呼和浩特市是内蒙古自治区的首府，有2300多年的建成史，是全国唯一的一个草原省会城市。我想要用两个关键词来描绘呼和浩特，那么一个就是美丽，另一个则是独特。说起呼和浩特的美，我们可以用八个字来概括，就是"山川河海，朝思暮想"。"山川河海"主要是指自然风光，这里北边的大青山巍峨壮丽；脚下的敕勒川辽阔翠绿；南部的母亲河磅礴大气；西侧的哈素海端庄精美。如果说蓝绿交织是呼和浩特的底色，那清新明亮就是草原都市的容颜。"朝思暮想"取的都是谐音，主要是指人文特色，朝（昭）就是"昭君文化、召城文化"，我们的"昭君博物院"和"大召寺"无不沉淀着历史的厚重和深邃。思（丝）就是"丝路文化"，现在不少考古学者已反复论证我们呼和浩特不仅是草原丝绸之路的起点，也是万里茶道的重要节点城市。暮（牧）就是"农牧文明"，正所谓一路向北，牧歌相随。想（飨）就是用美食以飨四方宾客，我们的烤全羊、手抓肉，我们的烧麦莜面奶茶，无不让大家味蕾大开。其实，爱上一座城，往往并不需要理由，我们呼和浩特是一个走进去就会爱上她的地方，只要走进去触摸她，和草原来一次最亲密的邂逅，美丽青城，足已让人沉醉使人着迷。过去，我们常说，天下美景出江南，今天，我们还可以由衷自豪地讲，北京西北旺，呼和浩特风景棒。如果说"山川河海，朝思暮想"可以代表呼和浩特的美，那呼和浩特的独特则可以用四句话来概括：那就是"不高不低""不冷不热""不远不近""不大不小"。先说"不高不低"，呼和浩特的海拔就是 1000 米左右，正处在最适合人类居住的黄金海拔区，我们知道，海拔如果太高或者太低，不舒服的感觉就会增加，而 1000 米的海拔不高不低正合适。所以，在央视每年一度的最具幸福感城市评选中，呼和浩特都是排在非常靠前的位置。再说"不冷不热"，呼和浩特的年平均气温就是 10 度左右，冷的时候零下 10 度左右,热的时候也才 30 度左右。每年七八月,如果是在北京、天津,大家就会感觉很闷热;如果是在上海、深圳,大家又会感觉很湿热;而在呼和浩特,只要不是太阳直射,就会感觉很凉爽,白天基本不用开空调,晚上有时还要盖被子,绝对是夏天休闲避暑的好去处。还有就是"不远不近",呼和浩特在大家心目中,心理距离可能比较远,但事实上她处在华北板块,是除石家庄和济南之外距离北京最近的省会。我们知道,两座城市如果距离太远,城市间的聚合作用就难以发挥,太近又容易产生虹吸效应。所以,从城市群和都市圈的角度看,呼和浩特和北京的空间距离正可谓是"不远不近、恰到好处"。目前,我们正在深度融入京津冀两小时经济圈,作为首都北京的战略腹地和产业城经济,南有雄安、北有呼和浩特的构想让我们充满期待。最后说"不大不小",对于一个城市而言,一般情况下,人口规模在 100 万~400 万是比较理想的状态。因为人口太少,规模集聚效应就发挥不出来;人口太多,城市病又难以避免。而呼和浩特 1.72 万平方公里,人口 345 万,在全国省会城市中是不多见的理想空间架构。可以说,以上这八个"不"字就是我们呼和浩特的独特魅力所在,也为"康养、会展、物流、大数据"等提供了天然的优势。前不久,我们的城市 MV 向全球发布,里面有一句歌词:梦中的呼和浩特,胸怀像草原辽阔。今天,我们还可以加上一句:宜人的呼和浩特,心情似云朵飘过。因为,这里不仅有美丽而辽阔的草原,更有草原儿女所独有的包容、大度、淳朴和坚韧。我们草原儿女自带包容,愿与海内外一切投资者共同成长;草原儿女也天然大度,总是把一片真心献给朋友;草原儿女还秉性淳朴,始终信守一诺不悔；草原儿女更内含坚韧，从来不惧风雨兼程。如果说一个城市要有幸福，这就是美丽青城的幸福；如果说一个城市要有信仰，这就是呼和浩特的信仰！所以，此时此刻，我们还想说，呼和浩特拍了拍你，圆梦福地就在这里。我们300多万呼市市民会付出最大的诚意，也盼望诸位拿出切实的行动，相约大草原，扎根敕勒川，和我们一同来拥抱属于草原"第二个百年"的第一轮朝阳！

领导的发言进行了约十一分钟，发言中的鼓掌至少有4次，作为公众表达培训的老师，这段发言非常值得我们学习：

首先是声音，浑厚低沉且带有磁性，语速稍慢，抑扬顿挫非常明显，快慢有度，节奏感好，高低起伏，情感真切。

其次是内容结构清晰，开场三句话简单清晰地介绍呼和浩特的概况。接着以"美丽、独特"两个关键词总体引领，再用"山川河海，朝思暮想（昭丝牧飧）"八个字对"美丽"进行阐述分享。用"不高不低""不冷不热""不远不近""不大不小"八个"不"来对"独特"进行阐述分享。结尾升华，号召行动，欢迎投资者。非常干净利落、逻辑清晰。

还有各种在每段内容讲述中出现的具有引领性、总结性的金句，让与会者更加清楚内容和增强记忆。

最后是全篇脱稿讲话，只用出现关键字的PPT进行呈现。

这篇讲稿有很多值得我们学习的地方，我把讲话内容进行整理一是让大家有既视感，二是也期待朋友们从中学到、悟到更多的东西，帮助和促进我们在公众表达领域的成长。

最近几年，我们给国有企业提供的系统性培训中"万名党员进党校"项目占了一定的比例，在每期开班和结业时都有客户方领导和教学负责人发言。对于这样的场合和一般培训发言不一样的地方就是说话要精准和严谨,但又不能和客户领导有重复的内容。那样会显得抢戏和不懂规矩,我只是作为培训机构教学负责人进行总结发言。所以角色清晰了,目标就清晰了。为了让现场表达精准无误,我进行了平时短时间发言中很少做的一件事,就是写逐字稿,逐字稿包括开场白、主体内容和结束语,运用了能让听众听得懂、记得住的三点分享法。下面是我的发言:

各位领导、学员们大家好!我是贤马管理顾问机构总经理马琳,感谢大家给我这次分享总结的机会。我给大家分享三点,第一点是回顾:81人,四天,我们用三堂专题教学来武装思想;我们用三堂现场教学体验红色精神、传递革命火炬;我们用两堂体验式教学增强党员的创造力和凝聚力;我们用一餐忆苦思甜饭提醒党员们要戒奢以俭、珍惜当下。第二点是点赞:我们为第二期党员培训班学员们点赞。四天,没有一个人迟到;没有一个人违反教学规定;没有一个人掉队。对于一个在异地开展的80多人的培训班,在教学管理、生活管理上不是一件容易的事,但咱们班学员自律性强、态度端正、积极专注,让我们用掌声为班级、为自己点赞。第三点是感恩:作为教学方,感恩公司党委对我们的信任!感恩班委们包括班长、学习委员、生活委员、六位组长的领导和付出!感恩学员们的积极参与,是大家共同努力促成了本期培训班的圆满结束。

学习促进思考,思考促进改变,改变是为了让我们持续锤炼党性、与时俱进、提高政治站位。最后,我代表贤马管理顾问机构表态,我们会对本期培训认真进行复盘总结,延续优点、改进不足、不断完善。作为一家成立近十三年的管理顾问机构，作为集团第二个三年入围培训合作机构，我们愿尽自己所能整合资源、全力以赴，为大家继续提供定制化培训，期待我们成为终身的学习伙伴！让学习永远在路上！

我大约用了 2 分 30 秒的时间进行分享总结，培训结束后获得了客户领导、学员们的好评和认可。我想这样一次看似简单、时间短的发言也是一次极好的与客户保持信任关系、加强合作的机会。当我们重视每一次公众表达，当我们能保证公众表达的品质时，每一次有效的公众表达都是一次最好的对外传播机会。

第四节　公众表达中的禁忌

公众表达说服力中内容的构建主要由以上所讲三部分内容构成，开场白、主体内容、结束语。当我们越来越熟练地去构建每个部分的内容，加上状态的调整，场域把控能力的提升，就能获得一次次有效的公众表达。在完整的公众表达中，要注意三个禁忌：

禁忌一：推销式公众表达。

在每天的工作或生活里，我们感到心烦的是接到大量的推销电话；在人际交往环境里，我们最抵触的是逢人就推广产品。同样在公众表达里也如此。遇到这样的人，我们基本都是一种对待方式：远离，不可深交。

推销式公众表达是指一张口表达就推销产品，这样不但不能成功销售产品，还会引起对方的反感，甚至是拒绝。人们一般会因为信任而产生销售,当刚一见面还没建立信任关系时,就推销产品,肯定只会适得其反。

记得在我们某一期训练营,刚开班半小时,我讲完前言部分请所有学员上台依次进行自我介绍,这时上来一位学员说:"我是做医美的,很高兴认识大家,咱们也是有缘分才会在马老师的训练营里认识。我今天给大家一个大福利,我们有一款非常好的逆龄护肤品,一直都卖1980元一套,今天只要980元一套,欢迎大家抢购,迟了就没货了!"

结果大家都应该都可以猜到,没有一位学员购买,道理很简单,你还没有建立我为什么要向你买产品的理由。虽然今天我们同在一个班,但时间太短,我对你不熟悉、不了解,还没有建立信任关系。我们是女企业家班,有一定的消费能力,对于打折的物品不一定能刺激消费,甚至会对打折的商品质疑:是不是保质期到了?品质是不是能保证?护肤品的价格水分是不是太高?这就是推销式公众表达,只站在自己能卖出产品的角度去做表达,也可以说只考虑自己的利益,没有利他之心。在营销领域里,我们也经常说:打折有时往往是把自己的产品贱卖了,一直贱卖自己的产品将会让产品失去品牌效应,将会让公司失去更强的生存空间。与其把心思花在价格战上,不如精细地研究产品品质和差异化服务品质,只有保值保价才能让产品更有生命力,也才能让公司更有生存和发展的空间。

我们经常看到表达者没有这种意识,一开口就卖产品,就说打折,营造一种推销式的氛围,但在开场就被听众从心底里屏蔽了,错失了一次扩展影响力的机会。对于女性高管来说,在公众表达场合,在听众不了解我们的时候,张口就卖产品这是很忌讳的公众表达，这样做只会把听众推到我们的对立面，没有办法站在"你刚好要，我刚好有"的合作基础上。推销式公众表达会降低女性高管的影响力，甚至会被认为是一个没有内涵的女性。

禁忌二：形式化公众表达。

形式化公众表达，指的是只有口号，没有思想，只有激情，没有观点的表达。一个人在台上眉飞色舞、口若悬河，一群人在台下看戏，大家会不会觉得这种场景在哪儿见过？

大约在2005年，当时就职的公司安排我们去参加一场培训会。培训现场能容纳约三千人，密密麻麻的人早已在会场等待，会场内一直播放炸耳的劲爆舞曲。等了大约二十分钟，主持人上场了，用极其大的声音和澎湃的激情介绍了今天的主讲嘉宾。接下来，让所有人起立欢迎主讲人的进场。八个穿着黑西服、白衬衫、红领带的小伙子护送着一位白西服、黑衬衫、红领带的人出来了，场下的人跟随着主持人的引导声大声地欢呼、鼓掌甚至雀跃。主讲人到了台上后，音乐一变，当然还是舞曲，主持人说："请上舞蹈队，让我们跟着老师跳起来、放下自己、超越自己！"马上有12位由年轻男女组成的舞蹈队冲到台上跳舞。大约过了十多分钟，音乐停止，主讲人开始分享。在分享的一个小时里，我听到最多的就是"你幸福吗""你想成功吗""你想拥有财富吗"……

"让我们有勇气、有胆量、有气势地面对困难""没有你做不到的事，只有你不想做的事，成功属于每一个人"……在我心里有了很多疑问："我们想成功啊！我们愿意奋斗啊！给我们思路，行吗？给我们一点方法，行吗？"最后，当主持人说"今天分享即将结束,全体继续跳起热舞"时,我在刺耳的音乐声中从容离开。这次分享给听众们留下了什么?除了表演,什么都没留下。内容中使用的基本是大道理、大话、空话、口号,只有某某名人说的名言,没有自己的思考和沉淀,只分享不敢答疑,因为无法答疑,基本都是正确的废话。这也是我对培训行业的初步印象和认识,也是从那个时候起,我对自己说,如果有一天,我自己做培训公司,一定不做这种太形式化的培训项目。因为它带来的是太空洞、太无聊、太变形。有效的公众表达里,特别是女性高管公众表达,更应该重视内容为王,再搭配适当的技巧来锦上添花。

禁忌三:熟人式公众表达。

熟人式公众表达就是把听众当作熟悉的人来进行表达,这么解释听上去也没有什么不合适的,但实际在公众表达场合会有不一样的呈现结果。举例说明:

在我们女性高管公众表达力提升训练营的一个班里,有位学员的自我介绍是这么说的,"我在7年前身材很胖,身体也经常出现问题,通过多方的寻访,我找到一款特别有效果的减肥产品。大家现在看到的我已经减肥6公斤了。从此,我也一直致力于做专业的健康减肥公司,我们有减肥的设备,也有可食用的减肥产品。在我的帮助下,已经有很多人成功地实现了健康减肥。所以说,黄总,你应该相信我,我们是多年的好朋友,关系那么好,我不会害你骗你的。你要早听我的话,用上我们的减肥设备,吃上我们的减肥产品,你也不至于今天还这么胖!"

前半段听上去问题不大,但后半段忽然话锋一转,针对

"黄总"说的话问题就大了，当时我们就看到黄总脸上白一阵红一阵，表情极其不自在。表达者和黄总是多年的好朋友。好朋友说话会更随意一些，但是我们要注意，这是公众场合。任何人都希望在公众场合留下正面的形象。当我们不顾及场合进行随意表达时，会伤了熟人的心，让熟人没面子。这就是典型的熟人式公众表达。我们只想着和对方是朋友就不顾及对方的面子，是会出现尴尬场面的，严重的还会引起友谊的破裂。

我们作为表达者站在台上，要特别注意言行举止。看到熟悉的面孔，最好只是点头微笑打招呼，切记不能在台上直接呼唤对方，更不能去分享只有在私人场合才能分享的事情。如果要分享，要提前证求可能提及的人的意见，对方同意后再分享。就算对方同意了，一般也要分享比较好的事情。这是表达者的素养体现。我们千万不能口无遮拦，总是揭短。

所以，忌熟人式公众表达，任何公众场合，要保持对所有熟人面子的保护，对所有熟人的尊重，表达中尺度的把握是女性高管在公众表达中必修的一堂课。

"推销式、太形式化、熟人式"是公众表达中三大禁忌，这是过去我在所见所闻中总结沉淀的，有时会因为一点点的禁忌影响了我们全部的分享品质。作为女性高管，在公众表达中更要注意内在的沉淀、干货的输出、真情的流露，为自己说的每一句话负责，让自己说的每一句话都经得起考验，让自己的表达有理有据，充满感性与理性的结合。这样才能让一场公众表达有效、有价值，才能让我们的分享具有深远的影响力。

第五节　内容真实与实在的意义

在进行表达内容的构建时，有几位学员曾经问我："能不能虚构内容？"我总是不假思索地回答："不能！"

马克·吐温曾说过："永远都要说真话，只有这样，你才不用记住你所说过的话。"

在公众表达领域，保证内容的真实非常重要，所以我们要单独提出来讲，而不是一笔带过。真实，是为了让内容经得住查验、推敲，是为了具有更长期的影响力。所以我们要确保内容的真实性。

真实的表达，反映了一个表达者内心的坦然。没有任何的表达是完美的，当我们真实表达时，有时可以收获很好的效果，但有时也得面对自己的不完美。当我们明知不完美，不可能获取全部人的喜欢和肯定，但我们依然坚持时，说明我们敢于接纳自己的缺点和不足，这种坦然是一种勇气，也是一种力量。

真实的表达，能让我们变得更谦虚和自律。而实在，从字面意思理解是真实的存在，在公众表达里还有一层意思是不讲正确的废话。正确的废话就是听上去有道理，但是实际却没有什么用，或者说没办法落地。常见的正确的废话有：

1. 别人已讲过多遍，在哪里都会出现的言语。

2. 内容很空、很宽泛、宏观的、口号式的语言，缺操作性的方法和技巧。

3. 可讲可不讲的内容，与当次主题相关性不大的内容。

实在说到底就是落地、有用、接地气，实在的表达就是有针对性、有实战性、可解决问题。

第六节 内容与时俱进的重要性

我在企业管理咨询行业有近20年时间了，这个行业有个特点就是经常性请国际国内的各行业、各专业的专家及老师来分享或授课。在内容的构建上，我发现有一种老师特别受学员欢迎，那就是内容的与时俱进，而相反的就是多年来课件都没有变化迭代过，案例、视频都和十年前一样，讲法也一样。而后者给学员一种感觉，老师跟不上时代的步伐，陈旧封闭不创新，结果就是分享、授课结果不尽如人意。前者每年会更新大的体系框架，每季度或每月会更新案例、视频等内容，都以当下最热门的话题来引入内容，学员们会非常愿意听，积极互动回应。因为人都是关心新鲜事物的，所以能快速产生共鸣，成功吸引学员们的注意力。所以，我们机构在邀请专家、老师之前，都会先要大纲，看一下里面所包含的案例、视频、内容等是否与时俱进，如果用老的案例和视频，会看一下是否有创新的解析。从某种意义上来说，这也反映了一个人的学习力、思考力和创新力。

在"女性高管公众表达力提升训练营"，我一定会和学员们分享内容设计要保持与时俱进，特别是女企业家、女性高管在公众表达时更要关注内容的与时俱进。因为时代的变迁、环境的变化，在这个知识技能轻松学习的互联网时代，我们要学会关注世界发生的变化、听新闻、关注最新的政府文件、新的商业规则、新的团队管理思路，在表达内容的设计中一定与时代同步，主要表现在：

1. 思想层面与时俱进。所宣导的思想都是当前最新颖的：符合相关政策、具有正面性。

2. 案例、故事与时俱进。要讲新故事新案例新思想新启发。如果用老案例老故事，也要做到有新思想新启发。千万不能老生常谈，让人感觉陈旧甚至已经不合当下时宜。

3. 行动层面与时俱进。从实际解决问题的行动中做到创新与开拓。

与时俱进，能让我们不轻易被社会边缘化，能让我们的公众表达更加有时代感、共鸣感、创新感。

这一章节，我们讲的是公众表达中的说服力，说服力来源于内容的构建，我们要做到言之有物、言之有据、言之有序。

言之有物就是内容中有主题、有干货，不能是虚无缥缈的"见解"。通过提炼与梳理、明确中心思想，干货最好是自己沉淀梳理的思想、精神或经验，不能总是某人说，他人的话可以引用，但不能全部引用，干货更加体现在我们自身的原创内容。

言之有据就是内容中的论点要有论据支撑。光有口号没有支撑，说服不了听众，会留下太多的质疑，这会让整个表达缺少有血有肉的支撑。最好的方法是列数据、举案例、打比方、讲故事，真实并通俗易懂地进行举证支撑。

言之有序是说内容构建需要逻辑性，有内部的逻辑、清晰的结构，把讲述的内容按照先后顺序进行排序，讲之前自己先想清楚前后内容的关系，以免出现条理不够清晰，听众听上去混乱并产生负面抵触情绪的现象。

说服力的提升需要不断的学习和巩固、不断的修改和调整、不断的积累和总结。

第四章

女性在公众表达中的感染力

感染力在公众表达中是不可或缺的一种能力，如果表达者的内容构建得很专业，再加上良好的感染力就会锦上添花；如果内容很好，但缺乏感染力，不仅会让表达效果减分，还会给自己和听众都留下遗憾。

在公众表达中，感染力的训练和提升主要来自于声音的传递、眼神的运用、肢体动作的训练和情绪管理。

第一节　声音的传递

在公众表达的很多场合，我都会关注表达者的声音，有的人一开口就赢了，因为声音具有吸引力和穿透力。但最常见的是，表达者都让声音处于自由发挥状态，不受自己的控制，有时大到炸耳朵，有时小到蚊子叫，并且处于无意识状态中，不关注不重视听众的感受。公众表达中，如果对声音有要求的话，那就是声音大、语速慢、抑扬顿挫。

我们先来说说声音大。有朋友说，你刚刚不是还说声音大会炸耳朵吗？是的，要求声音大，是因为在我过去的经历中发现有70%左右的表达者发言声音都会比较小，严重影响了表达的效果。

尽管要求声音大，但也要有度。专业的做法指的是让所有在场听众听得见、听得清、还要听得舒服。我最常用的方法是先了解听众的人数及场地的大小，更重要的是先去场地进行试音。拿起现场的麦克风试一下，看看现场准备的是无线麦还是立式麦。一般会根据会议的主题和氛围来决定麦克风的种类，我们也需要根据实际情况进行麦克风的使用。

测试时，请同事或工作人员分别站到前、中、后的位置进行听音，关键是我们的唇部和话筒口的距离的调节，因为听众座位是固定的，只能由我们来调整话筒的声音，以无杂音、无回响、听得清晰为标准。我也会用手机录下不同位置的声音进行调试。

记住，我们要掌控话筒，而不是让话筒掌控我们。

在这里强调一下手持麦克风的姿势，因为我们经常在公众表达现场看到以下几种现象：话筒拿在手上但似乎和表达没有关系，没有成为声音传递的重要设备；话筒距离唇部过近，一说话就扑话筒；话筒拿在手上把玩，随意晃动。作为女性高管或职业经理人进行表达时，记住，手持的话筒是与身体平行竖直拿的，手一般会握在话筒的中部或下部，手臂微微打开，然后根据话筒传音的情况调整唇部与话筒口间的距离。记住，千万不要拿在话筒口部，说话时还把话筒中下部翘起甚至平拿，这是歌星明星耍酷的方式，一定不适合我们。

也有一种可能，参会人员少、场地小，不需要使用话筒。但记住，也需要提前去到场地进行测音，这样会让我们有准备地去面对每一次表达，保证表达的效果。

接下来需要注意的是语速要慢。慢到什么程度？这是相对的说法，因为在公众表达领域，没有受过专门训练的人，90%以上面对公众时都会不自觉地加快语速。快，带来的第一个问题是自己很紧张，越快越容易紧张，越紧张越容易出错；第二个问题是听众听不清楚，听不清楚就会选择不听。

语速的快慢是一个人心理特征的真实写照，是读懂人心理最不可忽视的因素，语速快慢背后包含着很多重要的信息。在公众表达中，语速过快会反映出表达者的紧张不稳定，语速过慢会反映出表达者的准备不充分。无论语速过快还是过慢都会让听众产生不适感。

什么样的语速才叫合适呢？我查阅过很多资料，自己也测试了多次，专业播音员的语速每分钟300字左右，一般人在公众表达时正常语速每分钟200字左右，这也是听众最能接受的语速。说左右的意思是可多可少，还要加上每个人的性格等因素影响，我们无须拘泥于某一个精准的数字，可以按照每分钟200字左右的语速来进行检测和练习，当练习多了，语速会慢慢固定。

最后来说说抑扬顿挫。抑扬顿挫分开解析，抑是降低，扬是升高，顿是停顿，挫是转折，总体意思是在表达中声音有高低起伏、轻重快慢、停顿转折，而不是用一个平调，从头讲到尾。抑扬顿挫是表达者比较难做到的技巧，我觉得比较难做到有两个原因：一是没有意识；二是没有方法。意识决定了行动，我们要先树立抑扬顿挫的意识，在准备时期可以对内容进行练习，哪里应该高？哪里应该停顿？在准备的时候就已经打上标记做好了划分，这样就能做到心中有数。当然准备工作也包括熟悉自己的文稿，一般我都会建议初学者写自己的逐字稿，确定好逐字稿后开始发声练习。一定要和现场表达时的声音大小及感情投入一样，而不是轻声练习，只有不断熟悉和现场一样的场景，到现场后才能游刃有余。方法就是：

吸引——高音、停顿　　重要——减速、高音

明晰——减速、重音　　强化——重音、高音

激动——加速、高音　　感动——低音、减速

当然，公众表达和演讲不一样，我们开篇时介绍过，演讲

包含在公众表达内。公众表达虽然需要抑扬顿挫，但一定没有表演的成分，只需要有抑扬顿挫的表现，不需要过度的亢奋和演绎。演讲会多一些表演的元素在里面。

声音大、语速慢、抑扬顿挫是声音训练的基础要求，还有一个更高级别的要求是让声音有磁性、穿透力。就是让声音像磁铁一样吸引人，具有穿墙而来的吸引力，怎么做到呢？从我个人的实践来看，最有效的方法就是气沉丹田，就是说不是用嗓子说话，而是用腹部用力发出声音。请大家先和我一起找到丹田位置（在肚脐下三寸的地方），然后收紧，开始说悄悄话，说话的时候感受腹部的用力。这样练习养成习惯后，自然而然就习惯于气沉丹田，用腹部发音了。学会了这种方法，既能让声音更有磁性和穿透力，也会保护我们的嗓子，解决说话时间长一点就失声的问题。

对声音的训练需要持续性进行，我的方法是每天朗诵一篇古诗词或者散文，大声读出来，甚至背诵出来，保持声音大、语速慢、抑扬顿挫，练着练着就越来越有感觉。然后跟着电视台主持人们学说话，普通话会越来越标准，口齿也会越来越清晰。当然，必须要强调的是刻意练习，我对刻意练习的理解是每一次练习都有长进，都比前一次好一些。如果每一次练习都是一样的，没有任何改变调整的地方，练习是没有效果的。这是我经常提醒女性高管训练营学员的地方。

我还会选择关注一些专业的学习表达的自媒体，去听一听专业行家的分享，发现自己的盲点，补足自己的短板。我感觉，越学习越发现公众表达的内在魅力，越学习越发现自己知识储备的不足，越能激发持续学习的热情。

第二节　眼神的运用

在我们公司，有一个不成文的规定：开会时，发言人要看着参会人，参会人要放下手上所有工作抬头看着发言人，因为工作的沟通与交流，公司所有人都有可能成为发言人。在没有这个规定之前，我观察发现发言人总是自顾自发言，不看参会人，而参会人大部分都低着头，也许也在听。但是有一个明显的感觉就是大家没有在一起，只是走个过程开个会而已，这不是公司开会的目的，这是极大的内耗。别小看一个抬头看人的动作，小小的眼神会营造出不同的氛围，会让发言的人备受鼓舞，感受到被尊重、被关注。让听的人更加专注、集中精力于当下的内容，给予发言人被关注的同时，自己的融入度也会更高。

在公众表达领域也是如此，不知大家有没有遇到过一些场景，表达者在表达过程中要么一直低头读稿，要么看上面或者地面，就是不看听众。为什么不看呢？我问过很多表达者，回答只有一种："不敢看！"本来就紧张，不看还好，一看更紧张。所以不看听众能顺利表达已经是很多人自我满意的结果。我想说的是，有这种想法能理解，但表达时眼神的运用得当能让我们表现得很自信，能控场，更能收获听众的肯定和支持，而且这种能力是可以通过专业的学习和训练得到改善和提升的。

对于公众表达者来说，学会眼神的三种运用即可，包括环视、对视、虚视。

第一种眼神是环视。从字面意思理解就是环顾四周看，这个动作需要经常运用，大家跟着我的口令一起动起来：抬头先平视正前方三秒,然后转头看向左前方三秒,再转头看向右前方三秒,回到正前方,三秒钟都在心里默数。这个眼神一般运用在表达者已经站到发言台还没开口发声时,也可以用在已经开始表达的过程中,这个动作的使用会让听众感知我们的自信,会感知表达者对听众的关注。其实,当你熟练以后,先看左前方还是右前方都没有固定的要求,只要往三个方向都环视过即可。如果已经很熟悉了,不一定只看这三个方向,可以根据现场的情况进行环视,比如可以看前三排,然后看中间几排,再看最后几排,接着看左看右。其实最终的目的是表达者要学会关注全场,不可能关注每一个人,但要有关注的动作。

第二种眼神是对视。如果我们面对的公众对象在百人以内,对视就必须运用了。对视和环视不一样,环视只要看过去即可,而对视是眼睛对眼睛的真动作。眼睛是心灵的窗户,眼睛表达的是一个人的性格、真实的内心,表达者越紧张就会越不敢对视,所以我要分享两种解决方法,一是学会寻找在听众中天生面带微笑的人去对视;二是对视的时间不超过六秒。

在任何场合,当我们用心观察的时候,特别是女性,都会极其敏感地感知哪些听众是天生面带微笑的。天生面带微笑的意思是无论对象是谁,他都会一样地面带微笑。当我们与这样的听众对视时,你一样会收到他对你的微笑,和你讲得怎么样没有关系。我们只需要去和他们对视即可,因为他们的微笑会带给我们认可、激励,让我们备受鼓舞。相反,千万不要找看上去严肃的人对视,你本来就紧张,当你去和他对视时,没有受过专业训练或者没有经验的表达者心里会受到极大的影响。

对视的时间控制在 3~6 秒即可,超过 6 秒不是你自己心里发怵就是听众心里发怵。在公众表达场合，我们需要学会与听众对视表达关注和尊重，但一定注意时间长度的掌握，时间过长，会给听众造成不适的感觉。从性别来看，异性对视时间过长，会有别样的情绪变化；同性对视时间过长，会有潜在的"战争"爆发。对视控制在3~6秒，是经过我们多次在课堂中、课堂外的试验得出的结论，当然不是和所有听众对视，一般在面向听众的左、前、右方对视，会让全场听众都有被照顾到的感觉。和一个听众对视控制在6秒内，然后转向另一位听众对视6秒内，是让表达者和听众能接受的适宜时长，也会让对视产生有效的作用。

第三种眼神是虚视。在公众表达场合经常用得上的眼神还有一种是虚视。虚视经常会用在超过100人的场合，主席台和听众之间的距离相对比较远的时候。就是无法使用对视方法的时候可以用虚视。虚视的动作是看向听众的方向，有种似看非看的感觉。听众感觉你是在看着他们，实际上你的眼神并没有和任何人进行交流，你会看听众间的空隙处，你会看向远处的听众。虚视还可以缓解表达者在表达时与听众眼神对视时的紧张和恐惧，可以通过用虚视来达到实际眼神交流的效果。要记住的是，虚视一定是看向听众的地方，而不是低头、抬头或者看向没有听众的方向。

第三节　肢体动作的训练

当然，在公众表达中，我们要学会理性思考、感性表达。理性思考包含了内容的构建，使内容条理清晰、逻辑性强；感性表达包含了我们的状态、情绪、肢体动作，举手投足间我们用肢体动作在传递内在、素养、气场。

肢体动作是无声的语言表现。一位女性在公众表达场合中每个肢体动作都尽显她的内涵与气质，尽显走过的路、读过的书、遇见的人。它能让表达者的感染力立竿见影、事半功倍、锦上添花。我们再想象另外一个场景，有位女性站到台上正在表达，只看到人，听到声音，手不动、脚不动、驼着背、眼睛只看一个地方，只有嘴巴在动，会给听众一种僵硬、紧张、不专业的感觉。

2021年3月，因朋友的介绍我加入一个"美学课堂"群进行形体、形态的训练。训练中，老师说："形体舞是通过训练身体形态、姿态来提升气质的。所有外在的美，都需要建立在一个健康良好的体态和形态上。而美学体态是从三个维度来看：正面看身材、侧面看曲线、背面看气质。"听完我竟然有种感动，这就是我们在公众表达中常说的要学会回到本心。我问自己："这是怎么了？为什么会感动？不就是练个形体吗？"思量和觉察了很久，答案是：找回了女人应有的柔美和温暖，更重要的是一种坦然和自信的能量。课间休息时，老师让大家围坐在一起，都谈谈练习时的感受，有学员说感觉自己的动作打不开，不够舒展；有学员说自己过去的动作中都是不敢抬头看人的，在刚才的练习中也想抬头但跨不出这一步；有学员说让腰背挺起来的感觉好辛苦等。老师说这就是专业练习和养成习惯的重要性，今天大家看上去是在练习身体形态，实际也是在练习内心，当我们没法在练习中抬头挺立的时候，有时候是因为习惯养成，而更多的时候是来自于内心的不自信，外在的表现只是内在的一种外露。所以，我们需要先问问自己，我们在担忧什么？我们为什么不能挺立与抬头？我们可以尝试着挺立起来、微笑起来、抬起头来感受一下，会有发自内心的自信和从容出现，会有对自己的接纳和联结，这是真正的内外兼修。

练习的最后，大家互相看着彼此的改变都有所感动，感动来自于放松，来自于找回自己。惊喜的是我被评为优秀学员，在分享中我说："柔软的她力量——一起一落最优雅，一颦一笑最温暖。"这就是肢体打开后的感觉，也是肢体挺立后的能量，让我们从内心到外在都有放松而自信的感觉。

哲学家培根说过："在美的方面，容貌的美高于色泽的美，而优雅得体的动作又高于容貌的美，这才是美的精华。"公众表达中虽然需要肢体动作，但也要有度的把握，不然又会造成"演大于说"的感觉，过犹不及，让听众反感。一般，**我们建议学习运用手势、站姿、坐姿、走姿。**

第一个肢体动作是手势。古希腊和古罗马的演讲家们曾经指出：**没有手势，就不能有雄辩**。手势在公众表达中究竟有什么意义呢？最直接的意义就是助推思想情感的表达。用手势配合语言的表达，能调节氛围，能让听众感受一种鼓动性，增强感染力。一般我会建议表达者进行五种手势的学习和训练，稍微变化一下足以满足公众表达中的需要。

第一种是十指训练。伸出大拇指、食指、中指、无名指、小拇指，按照常规的表达，我们先用右手来表达数字从1到10。伸出食指表示1，伸出食指和中指表示2，伸出中指、无名指和小拇指表示3，伸出除了大拇指之外的拇指代表4，伸出所有拇指代表5，伸出大拇指和小拇指代表6，伸出大拇指、食指、中指并在一起代表7，伸出大拇指和食指代表8，弯曲食指形成9，捏成拳头代表10。大家想象一下，如果在说话中出现有数字时我们用手指表达出来，是不是会增强我们的表达力度和现场的感染力？会比站着光说不动好过百倍。

第二种是邀请的动作。大家跟我一起做，伸出一只手，向前方伸出打直，保持手臂伸直，大拇指靠近食指并拢，其他四指并拢伸直，整个手掌与地面呈45度，然后对着一位家人或者假想前面是您要邀请的对象，眼睛看着她（他），口里说着"邀请您"，面带微笑，再次练习。为了让动作好记忆，我称为邀请的动作，实际上这个动作不只用在邀请上，还可以用在"欢迎""请您分享""感谢您"等的用语上。

第三种是"切菜"的动作。即方向、阶段或过程的指引动作，这个动作我称为"切菜"，它和邀请的动作差别在于"切菜"是手掌并拢与地面呈90度，主要可以表达从左到右、从上到下等方向，从古到今、从小到大等时间区间。如果我们在这里不做动作，会显得僵硬，也会让我们失去一次适当表现专业和影响力的机会。所以，现在请大家继续站立，左手做手持话筒的动作，右手伸出、并拢五指与地面成90度，口里说着："从左到右，从上到下，从前到后（从古到今）。"同时配套动作找找感觉，是不是发现自己会更有自信呢。这是因为我之前参加了体态训练时的体验，有了肢体动作，我们就会更加打开自己，让自己更自信。再来一次，这一次眼神跟着手掌走，感觉会更自然和专业。多来几次，形成习惯，到该使用时自己会出手。

第四种是点赞的动作。点赞是最简单也是使用频率最高的动作——其他手指收回只伸出大拇指直立，手臂伸直。对着镜子开始练习，口里说着"为您点赞""向您学习""太棒了""优秀"，只要是表达对对方的赞扬、认可、钦佩都可以使用。这个动作表达了我们的情商，要多次练习使用，形成习惯。

　　点赞的动作运用范围广泛，也是一种表达内心的方式。在职场中，我们要多为团队点赞，在生活中，我们要多为家人点赞。要将点赞形成一种习惯，由外在的习惯带动内心的改变：多发现别人的优点迅速为对方点赞，慢慢形成多看对方的优点，让激励成为赋能的重要手段，让赋能成为表达的最终目的。多了点赞，少了评判，能减少很多矛盾，能有更多正能量，能促进彼此之间更多的相互成就！

　　第五种是加油的动作。把手掌握成拳头直立在脸颊侧方与耳朵水平的，并有位置轻微的抖动。注意，这个动作的要领是不能举得太高，否则会有过度表演的感觉，也不能距离身体太近，显得没有力量。我们继续对着镜子，按照要求做好动作，口里同时说着"加油、努力、全力以赴"等激励性、号召性的语言，大家会明显感觉一种力量油然而生。

　　手势也有要注意的地方。第一是禁忌，注意在表达中食指的运用，食指伸出来直立着代表数字1。切记不要用食指指人，那会代表指责、轻视、不尊重，要用邀请的动作替代食指指人的动作。第二是要做动作就按照标准做完整，不能缩手缩脚，给人感觉做了动作，但是总不到位，就会显得很随意或者不专业。第三是动作干净利落，不拖泥带水，手势代表的是一种推力、助力、力量感，所以我们要找到这种短而有力的感觉。

当然还要注意不能出现双手交叉抱着或者手插进裤兜的情况。从心理学层面来看，双臂交叉抱胸的人代表拒绝、内心焦虑不安、戒备。在公众表达中表达者双臂交叉抱胸代表的是傲慢、不屑、距离。会让听众感受你高高在上，会很明显地拉远与听众的距离。这个姿势的出现，会让我们的公众表达影响力大打折扣，会被听众冠以"不专业、不尊重、不谦虚"等的评判，所以，有这个习惯的姐妹们一定坚决克服立即改进。表达时手插进裤包也是同样的道理。

第二个肢体动作是站姿。公众表达中，我建议没有特殊要求的话，表达者一般选择站着，因为站着说话会让表达者声音够大够清晰，更能展示影响力。但是站要有站的标准，不是随性站立，更不能站着晃动。一个人站立的姿势最能让人看出他是否有精气神。一个有精气神的人更能吸引听众的注意力。如今这个时代，吸引注意力已经成为困难，因为好玩有趣的东西太多太多了。

怎么看精气神：抬头、挺胸、收腹、提臀，面带微笑，手臂自然下垂，脚部呈小八字或者小丁字形。记住，两脚后跟尽可能靠近并拢，特别是女性，双腿一定是并拢站立的，才能体现女性的优雅与素养。

还要强调的是站立时保持身体的平衡，不晃动是我们的稳重、稳定、稳妥的表现。在公众表达场合，只有表达者自己很稳，才能更有效地吸引听众、掌控现场。如果呈现的是惊慌失措、左摇右摆、瞻前顾后，会给听众不放心、不靠谱的感觉，他们就会对我们的表达内容不愿听、不接受。所以，朋友们可以在家里对着镜子练习精气神。在我的女性高管公众表达力提升训练营里,这个部分要全体起立进行练习,一个动作一个动作地过关,让学员们在现场就找到精气神的状态,并成为习惯。

在站立时,还要注意站在哪里。我曾经多次看过公众表达者走到发言台后不知道站在哪里合适,经常出现偏台的问题。我们之前说过,要做好一切的准备工作,才能更坦然地面对公众表达。其中一项准备工作就是提前去公众表达的现场进行彩排,确定一下邀请方准备的是立式话筒还是手持话筒,立式话筒代表我们只能站在立式讲台后发言;如果是手持话筒我们还有可能走到讲台中央去发言,这就是俗称的"C位"。如果是立式讲台,我们要去试试高低,也就是我们站在讲台前、立式话筒前,听众是否看得到我们。如果我们个子偏矮,讲台上还布置了讲台花,确定是否需要邀请方准备垫板。如果我们个子偏高,需要了解立式话筒如何调节高度。这些提前到场时最好确定,我们上台时才能更加自如,更好地进行公众表达。

站立表达时,双手自然下垂即可,或者一只手拿着话筒,另一只手自然下垂或者适当地运用手势。记住前面分享过的知识点:表达中要有手势,但要适度。

第三个肢体动作是坐姿。在公众表达场景中,也会遇到坐着分享的时候,坐着也能体现我们的职业素养。关键是看坐在哪里。如果是坐在台上,前面没有遮拦,各位女性一定要注意着装的搭配,最好不要穿裙装,裙装在台上需要注意的地方就是双腿闭合,随时注意不露底,裤装会更自然自如一些。如果是坐在台上,前面有桌子,要注意把双手放在桌子上,显示自信和控制能力。把手机收起来,手机放桌子上一方面分心,另一方面会让别人看着感觉不专注,桌子上就放随身携带的笔记本。需要注意的是双脚不能在桌下频繁地晃动,就算是桌子下方看不见,身体也会因为双脚的晃动而晃动,依然会给人不稳定、不稳重、不稳妥的印象。建议双脚保持放平,不经常性地动。

第四个肢体动作是走姿。从台下走到台上,发言完毕又从台上走回台下,别小看了这个过程性的动作,这个动作可以给表达者加分或者减分。走姿要求走动中保持身体的平稳,眼睛直视前方,不左顾右盼,更不能如明星般和认识的人挥手打招呼,看到熟悉的人只需要微笑点头即可。走路的速度适中,过快会制造紧张氛围,太慢让人失去耐心。这里需要提醒各位女性朋友们注意的是当日鞋子的选择,记住不要穿没磨合过的新鞋,容易磨脚或者不适应,不要穿恨天高,容易崴脚或出其他状况。

公众表达中恰当的肢体动作会增强表达者的专业呈现,会提升听众对表达者的信任感。

第四节　情绪管理

前面三节我们分享了提升感染力的三种方法:声音的传递、眼神的运用和肢体动作的训练,还有一种提升感染力的方法是情绪的管理。

拿破仑说过,能控制好情绪的人,比能拿下一座城池的将军更伟大。

朋友们都知道,现在关于情绪管理的课程和书籍特别多,只是对于很多人来说,都处于"知道"但"做不到"的状态。我们平时都会放任自己的情绪,我想说的是,那是年轻时的轻狂和自由,越到职场、越到高级别的职位,更需要进行情绪的管理。甚至有人说"管理好情绪,就管理好了人生"。我很认同这句话,因为很多时候我们会被情绪所控,因为不良的情绪伤害了身边的人,影响了生活的平衡和职场中的机会。在我们公司就出现了因为管理不好职场中的情绪和团队成员无法协作配合,这样的员工只能选择离职,但是离职并不能解决自己的问题,真正要解决的是对情绪的管理。

公众表达时,一个具有正能量的人从状态、语言中都能感受到。相反,也能看到一个负面、低能量的人。如何区分呢?正能量代表的是积极、阳光、接纳、理解、改变自己;而负能量的人发出的是懈怠、抱怨、傲慢、固执偏见。

又要说到我们机构聘请老师的标准了,专业实战、正向积极、全力付出。意思是老师必须具有某个领域的专业性和实战沉淀,思想精神行动都是正面的、积极的,在授课中专注于学员、愿意更多分享付出。我在机构成立两年后确定的这个标准,一直保持到今天。因为我们曾经遇到过介绍资料写得很高端,实际很傲慢、不专业、充满负能量的讲师。俗话说:师者,传道授业解惑。这样的讲师不但不能解惑,反而平添了很多烦恼。所以我们一直坚守这个选择师资的标准。

公众表达是一样的道理,当面对听众时,我们如何进行思想的传播、精神的传递和经验的传承?我们如何表达才能让听众愿意听、听得懂、记得住、可传播?我们怎样表达才能激发听众正能量的情绪?这就是我们所说的表达者要管理好自己的情绪，调整好状态，积极面对听众。

公众表达中，情绪的管理需要做到三点：

1. 上台前保持积极的状态，专注当下、放下焦虑。

2. 表达中根据内容进行情绪的调整，高兴时微笑，悲伤时低沉，我们要配合内容，用声音的抑扬顿挫来进行正确的或者是正常的情绪表达。

3. 接纳自己的不完美，你会更坦然面对公众表达。

《史记》里曾说："顺，不妄喜；逆，不惶馁；安，不奢逸；危，不惊惧；胸有惊雷而面如平湖者，可拜上将军。"意译为顺境的时候不妄自狂喜；逆境的时候不惶恐气馁；安稳的时候不骄奢淫逸；危机的时候不恐惧害怕；胸中有大志而不露声色的人，可成大事（可以尊称他为将军）。

在公众表达中依然如此，无论我们表达前曾经历了什么，既然已经来到现场，就要保持冷静和稳定，调整好情绪，保持好正能量，不露声色地全身心促成一次有效的公众表达。

在公众表达中，情绪管理并不容易，是因为我们之前没有意识，任由自己情绪起伏，没有采用适当的方法进行管理。从现在起，让我们一起关注自己的情绪，了解情绪的来源，面对它、接受它，让情绪在表达中助我们一臂之力！

记住美国《成功》杂志创办人奥里森·马登在《一生的资本》中所说的："任何时候，一个人都不应该做自己情绪的奴隶，不应该使一切行动都受制于自己的情绪，而应该反过来控制情绪，无论境况多么糟糕，你应该努力去支配你的环境，把自己从黑暗中拯救出来。"

第五章

女性在公众表达中的故事力

2019年的夏天，我去上海参加培训行业会议，很多老师都出来分享。在众多的分享中，有一位来自上海的名叫安妮的女老师的分享触动了我。她分享的主题是《开启故事的力量》，她讲了一个"为什么创业"的故事。短短的五分钟分享，让我内心里响起一个声音："原来讲故事是需要技巧的，我一定要把讲故事的技巧与更多女企业家分享，用专业的方法让她们用故事讲出自己、自己的公司与品牌。我要把会讲故事的能力进行传播，我坚信，这是非常有价值的事情。"2020年3月，我报名参加了"故事营销力"线上训练营，并连续参加了三期；11月，我报名去上海参加了线下"故事的力量"训练营。对我来说，在故事力的认知和构建上都有了系统专业的提升。所以，在经过一年多的复盘和打磨，我在自己的品牌课"魅力言值——女性高管公众表达力提升训练营"的中阶班里确定了主题"故事品牌力"，用自己的学习、思考和沉淀搭建了适合给女企业家、女性高管讲授分享的结构和内容，以期让更多同频姐妹受益其中。

讲道理不如讲故事，讲故事就是理性思考、感性表达。理性思考让我们讲的故事有条理有逻辑；感性表达让我们的故事更走心、更有张力。有故事的女人有魅力，会讲故事的女人更有魅力。故事既能让我们的表达有吸引力，还能让听众信任我们这个人、信任我们的产品、品牌，更能让听众久久难忘那一个个触动心头的画面，在无形之中已经做了最有效的传播。

从小时候起，我们就很喜欢听故事。不知道大家有没有这样的经历，每晚都要听着故事才能安静地入睡。我记得我女儿两三岁的时候就是这样，每晚必须有故事伴随着才能入睡。我们经常要准备新故事,也经常在没有故事可讲的时候讲老故事,女儿却依然很感兴趣,总是睁大眼睛倾听,表情还随着故事情节的变化而变化,有时还会发出"啊""好""还有呢""为什么"等回应。令人啼笑皆非的是,我们大人都讲睡着了,又被女儿叫醒说:"还有呢?后来呢?"

长大后,我们最喜欢的是讲故事、听故事,听传奇故事、英雄故事、爱情故事……到了职场,我们去面试、竞聘、路演、公众表达时都需要学会讲故事,用故事去说服、吸引、打动别人。故事的魔力会伴随我们每个值得纪念的日子。

第一节 故事是最深入人心的表达

一般来说,从女性的角度,感性的能量往往大于理性的能量,女性更敏感、更能感同身受。如果用讲故事的方式进行公众表达,更能体现女性的优势,也更能达到听众愿意听、听得懂的目的。

记得一个视频中,在意大利冬天的街头,有一位上了年纪的男性盲人在乞讨。他双腿盘坐在街边的一个台阶上,头发花白,穿着军绿色上衣,围着黑色围巾,面前放了一个可以装钱的铁盒,还有一块牌子,上面写着:我是个盲人,需要帮助。过路的人很多,有极少数的人会扔钱到铁盒,并且几乎是不用弯腰地扔过去一个硬币。时间就这么流逝着,这时走过来一位年轻女士,看上去不到30岁,金黄色头发用橡皮圈扎成一个髻,戴一副黑框墨镜、穿着一套黑色职业冬季套装,绿色皮鞋,提着黑色公文包,围着黑色围巾。她刚从盲人身边走过去两三步又退回到盲人身边，看了看牌子，蹲下身来，从上衣口袋掏出一支笔，在牌子的背面写上：多么美好的一天，我却看不到它！盲人伸出手摸了摸女士的鞋子，女士写完就继续赶路。立即出现了戏剧性的场面，有太多路过的人开始给盲人投币，还不止投一个硬币，而是多个硬币，并且几乎都是弯腰或蹲下把硬币放在铁盒里或纸板上。当年轻女士再次经过盲人身边时，盲人摸了摸熟悉的鞋子问："你做了什么"女士说："我只是改了几个字！"

从"我是个盲人，需要帮助"到"多么美好的一天，我却看不到它"，发生了什么变化？我们发现，盲人写的语言是在陈述一个事实，是道理，而女士的语言在讲一个故事，故事不是编造的用来消遣娱乐的奇异情节，而是制造情境，把人们带入其中，引发他们的情绪，这就是故事的魅力。

我曾在一本书里看过一个故事，有位女士给著名投资人徐小平发了一条短信，内容只有三句话："我是北大毕业的学生。我现在在开淘宝店，淘宝店的销售已经3000万了。但是我陷入了迷茫，您是一个心灵导师，您能不能开导开导我？"徐小平老师三分钟内就回了电话，并且约了当天下午就见面交流。这位女性就是蜜芽网创始人刘楠，那次和徐小平老师见面后很快获得了融资支持，而今刘楠的公司已经做到了100亿的估值。我们来分析一下刘楠说的这三句话，她用三句话讲述了一个故事，第一句话"我是北大毕业的"，给人的感受是这人是学霸。第二句话"我现在在开淘宝店，淘宝店的销售已经3千万了"，给人的感受是北大毕业的怎么去开淘宝店了，并且销售额竟然有3000万了，再次觉得这人厉害！第三句话

"但是我陷入了迷茫,您是一个心灵导师,您能不能开导开导我?"奇怪了,销售额都到3000万了还陷入了迷茫,接着说徐小平老师是一位心灵导师,希望得到开导。我们来看,这三句话里每一句都会让人产生好奇,引发兴趣,其实仔细分析,她说话的目的是什么?是想要获得融资支持,如果刘楠直接说:"徐小平老师您好,您是最厉害的投资专家,我现在需要融资,请您帮帮我!"徐老师会立即联系她吗?会有后面的融资支持吗?我想大概率不会,因为徐老师可能每天接到的融资电话非常多,所以特别值得我们去探讨的是她用了一个讲故事的句式:"因为+但是+所以",如果按照常规的讲话结构就是"因为+所以",因为我在淘宝开店需要钱,所以来找您融资。现在变化成我们看到的三句话,是不是马上变得特别有趣、有内涵?把一个需求用讲故事的方式表达,本身就体现了一种艺术。这就是讲故事的魅力所在。

在我们训练营中阶班,主讲内容是故事品牌力,我当时设计课程时因为在过往的分享经历中经常感受到女企业家讲故事的魅力,每位女企业家都有很多难忘的故事,创业的故事就能说个三天三夜,还有生活的故事、教育的故事等。记得在中阶一期班中,昆明新人人海鲜酒楼广福店和经开区店创办人龚总讲了一个故事:

我今年67岁了,我是做海鲜酒楼的,酒楼有20多年的历史了,在发展的历程中有艰辛有幸福。记得在酒楼工作的一天,我和往常一样忙着安排工作、招呼客人、忙着结账,忽然接到餐厅经理的电话说:"龚总,您来休息室一下,有人找您。"我说:"好的。"但是因为手上刚好还有事也没有马上去休息室，过了几分钟，电话又来了说："龚总，您朋友找您，等不及了，您快来！"我这才擦擦手匆匆忙忙地去休息室，推开门，就看到酒楼的二十多个员工站在会议室里，抬着一个蛋糕，蛋糕上写着："龚总，生日快乐！身体健康！"员工们大声齐呼着："生日快乐！"我的眼睛瞬间湿润了，眼泪顺着脸颊恣意地流淌，我激动得说不出话来，连句感谢的话都说不出来。但心中充满了感恩和力量，感恩团队的不离不弃，感到自己这么多年的辛苦都值得！

不知道大家听完这个故事有何感受？我记得当时训练营中阶一期班学员听完故事沉默了三秒钟立即响起热烈又长久的掌声，有的学员眼含热泪，包括我在内，因为我们对创业守业的艰辛感同身受，我们因龚总受到员工爱戴而深受感动。听完这个故事，大家对龚总有怎样的印象？首先是敬佩，然后是信任。敬佩来自于一个奋斗者，一个深得员工心的女企业家的精神；信任是因为这样深受员工信赖的人也会值得我们信任。细细分析，在龚总的故事里并没有直接讲奋斗的艰辛和员工对自己的信任，这些都来自于所讲的故事，没有炫耀、自夸、任何的评判，有的只是留给听众的思考和触动，这就是故事的力量。

记得2020年在第七期初阶训练营（即大理女性高管训练营里）有位张冬梅总经理，她是大理宾川冬梅蔬菜水果专业合作社理事长，2020年先后荣获"全国三八红旗手"称号和"全国劳动模范"称号。张总讲了个故事：

2004年，我经过多方调研，决定涉足水果行业，凭借我对水果市场行情的熟悉和大胆预测，我向周边果农订购了

1000多万元的柑桔，并支付了40多万元定金。正当我信心十足、准备大干一场的时候，一场危机正在悄悄逼近。2005年3月4日，一场突如其来的雪灾，导致柑桔销售价格一路下滑，市场价格远远低于订购价格。这意味着，如果继续按订购价收购的话，收得越多赔得也就越多。如果放弃，将损失40多万元的定金，如果重新组织货源，虽然能够最大限度地挽回损失，但我多年打拼辛苦积攒下来的信誉也将付之东流。望着果农们心急如焚的表情，我做出了一个大胆的抉择，决定继续按照订购价格收购果农柑桔，把风险转嫁到自己头上，当然最后损失了100多万元。但是令我欣慰的是果农们渡过了难关。从那以后，果农在同等条件下都愿意把水果出售给我，给了我极大的支持。

当故事讲完，现场的同学们都给张总致以热烈的掌声，我们从张总讲的故事里没有听到关于"诚信""抱负""付出"等词语，但我们依然可以从故事里读出张总能成为宾川水果行业领头羊的原因，能读出她的"诚信"坚守和"利他"思想。听到同学们的分享和反馈后，张总也说"诚信"二字从此也成为她创业路上的座右铭，依靠"诚信"她赢得了市场、口碑以及群众的认可。

第二节 有效故事的构成

我们知道了故事的力量，那么如何讲好一个故事呢？在训练营里，98%的女性高管学员都会说她有故事，但是讲不清楚。是的，这很正常，因为我们过去讲故事都是由着自己的喜好自由发挥的，没有结构的要求，没有时间的限定，没有结果的达成，只要讲了就行。但现在，在公众表达里，我们不但要学会讲故事，还要学会讲有影响力的故事，有品牌效应的故事。

既然要讲故事，就要讲有效的故事，我们还是用公众表达有效性的四个标准进行衡量：愿意听、听得懂、记得住、可传播，怎么才能达成这四个标准呢？

一、故事的结构

要把一个故事讲清楚，需要进行故事内容的构建，在这里我想与大家分享三种故事构建的公式：

第一种公式叫"我的改变"：我是谁＝我的过去＋我的改变＝我的现在

在"我的改变"里，可以运用上面的公式产生很多可讲述的故事内容，在这里的"我"既可以是我们自己，也可以是"他""她""他们""她们"，比如：

创业型故事：创业前＋创业中遇到的问题＋问题的解决＝公司的现状

自我介绍型故事：过去的我是什么样的＋后来的我遇到"好"或"不好"的事情＋促使我的改变＝我的现在

客户服务型故事：过去怎么为客户服务＋遇到了问题＋解决问题后的改变＝现在的客户服务标准

产品创新型故事：过去的产品是什么样的＋产品在市场中遇到的问题＋解决问题后的改变＝今天的创新产品

公司领导人故事：可以是自己做领导人，也可以是别人做

领导人。以前做领导是怎么做的＋遇到问题开始反思和改变＝现在的领导状况

公司团队的故事：团队过去是什么样的＋遇到了问题＋解决问题后的改变＝今天的团队

自我奋斗的故事：过去的我是什么样的＋遇到问题开始奋斗＝今天的自己

遇到荆棘的故事：在职场或生活中原本一帆风顺＋遇到荆棘、困难、打击、变故等变得沉沦、堕落＋顿悟、警醒、逼着改变＝今天的自己或者家庭、团队

教育孩子的故事：过去对孩子教育的常态＋教育上出了重大问题＋自我的调整与改变＝今天教育的成果

夫妻和睦的故事：可以有至少两种版本，一种是，夫妻关系一直不太好＋一件事情的发生引起双方的改变＋共同的努力＝今天的和睦；还有一种是，过去夫妻关系一直很好＋一件事情的发生引起矛盾、隔阂、分裂＋痛定思痛后的反思、妥协、共识＝今天的和睦

我们从以上故事构建里不难发现，这个公式的主要核心是把事故解决了就会变成故事，可以让我们快速寻找和选择某一个时间节点发生的某一件事情来达成故事的讲述。这个公式的特点就是可以让我们在短时间内构建一个完整的故事，有开始、有过程、有结局，简短却完整。例如我的故事：

对于年近半百的我来说，除了有一份可持续奋斗的事业，最大的成就就是有一个像闺蜜一样的女儿。女儿今年25岁了，已经在北京北漂了四年，我们总是无话不谈，但谁能知道曾经有一段时间我和女儿形同陌路。那是女儿上高一开始住校的时

候,我们每周只能见面一天,而见面交流的内容仅限于:"你在学校学习成绩怎么样?""和同学关系怎么样?""要珍惜时间啊,光阴不等人,你今天不努力,明天就会很吃力!"这些看似有用但没有实际效果的语言让我们越来越没话说。有一段时间,女儿回家后听我说话只回答:"嗯、嗯、呵呵!"这让我开始焦虑和担忧,机会来了,有一天,我收到中国移动的短信说,马上有"咪咕音乐会"要在昆明举行,有很多明星会来,其中一个明星的名字引起了我的重视,这是女儿从小学到高中一直心仪的偶像,我没有犹豫,立即去交了1980元的话费获得了一张入场券。周六接女儿的时间,我早早地来到学校门口,忐忑地等着女儿放学。终于铃声响起,学生们开始出校门,我看到女儿,赶紧匆匆几步走过去把入场券递上去,女儿看了一眼没有表情地拿过票券走向车子。在移动公司工作的表弟也帮女儿买到了一张票,音乐会那天,为了不浪费票,也为了接送方便,我也去了现场,坐在普通席。到这个明星开唱的时候,我听不懂,也不知道在唱什么。粉丝们已经站立起来,都在挥舞着手上的荧光棒跟随着音乐的节奏不停地左右摇摆。虽然密密麻麻有很多人,我依然一眼就看到女儿挥动着双手的背影,仿佛我也能听到她在跟唱,我的眼眶湿润了,眼泪也跟着滑落下来,我已经很久没见到女儿这么开心了。回家后,我开始慢慢了解这个明星的故事并开始听他的歌,我意识到,原来,是我对这个明星的认知太过于肤浅。从那时开始,我买了他的碟片,每次接送女儿都放,和女儿开始分享他的奋斗历程,讨论哪首歌旋律动听、歌词更美。我和女儿开始有了共同语言,我们越走越近,一直到今天,我们既是母女,更是无话不谈的闺蜜。我最深的体会是，良好的亲子关系一定是从家长的改变开始！

故事讲完了，而每次在训练营讲这个故事，我都会眼圈泛红，学员姐妹们也湿润了双眼。我问大家的感受是什么，大家都会说：细节描述有画面感、过程分享有现场感、观点清晰有启发感。很多学员姐妹表示正在经历"更年期遭遇青春期"的煎熬，一定会尝试着用我故事里所呈现的观点"良好的亲子关系一定是从家长的改变开始"去发现孩子的兴趣以及兴趣背后可挖掘的励志信息，放下家长"说一不二"的说教执念去走进孩子的内心，和孩子成为朋友。

这就是我用"我是谁＝我的过去＋我的改变＝我的现在"的结构来讲述的故事带来的影响力。而在故事里，依然没有说教、没有道理、没有口号，只有关键场景的选择、细节的描述、结构的建立。

而一个故事能完整讲述，是需要不断打磨和改进的，并不是一气呵成的。打磨就是一次次精进，去其糟粕、留其精华的过程。因为讲故事除了要有时间的掌控、主旨的确定、内容的精炼，还要有情绪的掌控，如果你在讲故事的时候情绪变成了宣泄，控不了场，故事还能收尾吗？故事还能完整吗？有效的结果才能引起听众的兴趣，得到听众的认可，才能达成"愿意听、听得懂、记得住、可传播"的结果。所以，开口讲故事是第一步，打磨故事是第二步，讲好故事才是第三步。

第二种公式：目标—阻碍—努力—结果—意外—转弯—结局。

这个公式出自小说家许荣哲的书《故事课1》，这也是让我受益匪浅的一本书,推荐读者们去阅读。我们来举个书中的例子,说起乔布斯,我们总能想起他每一次苹果新品发布会在台上意气风发的样子,他讲的苹果产品的每一个故事都让人难忘。我们试着用公式来讲述乔布斯的故事:

目标——乔布斯的人生目标是什么?改变整个世界!

阻碍——乔布斯的母亲未婚生子,小乔布斯一出生就被养父母收养,养父母是卖二手汽车的商人,学生时代的乔布斯不擅长读书,大学才读了六个月就因为家里穷而休学,一年半后正式退学。

努力——乔布斯在二十一岁的时候在自己车库,和朋友斯蒂夫·沃兹尼亚克成立了苹果公司。

结果——乔布斯来到了人生的巅峰,公司有了很大的影响力,乔布斯担任了苹果的董事长。

意外——好景不长,因计算机销量下滑,最初的创业伙伴离开公司,乔布斯被逐出了自己一手创办的苹果公司。在乔布斯离开苹果公司十年后,苹果公司经营陷入了困境,面临破产,而此时的乔布斯已经成立了新的计算机软件公司,收购了名闻天下的皮克斯动画工作室。为了救火,苹果公司高层只能请乔布斯回去。

转弯——乔布斯回去后担任临时CEO,在连续推出iMac、Mac OS X操作系统大获成功后,成为正式的CEO。

结局——在每一次苹果新品发布会上,从iPod到iPhone再到iPad,乔布斯带给人们一次又一次的传奇,一个又一个划时代的电子产品。乔布斯真的完成了他最初的目标"改变整个世界"。

再用我的经历来套用这个公式，我会这么讲故事：

目标——20世纪70~80年代，好好读书，考上好学校，有一份稳定的工作，能拿到稳定的收入，一生稳定。

阻碍——20世纪90年代分配到国企，企业效益不好，经常放假并面临分流。

努力——2001年，自行从国企离职。开始进入民营企业就业，到一家事务所做销售，卖复印纸、卖培训。后到一家企业管理咨询公司，负责销售、招聘、培训，成为职业经理人。最后又到一家北京公司的昆明分公司担任副总经理、总经理。

结果——2009年，遇到公司内部调整，北京总部决定和昆明公司分开，昆明公司撤销。

意外——2010年，遇到一位老同事，受邀加入她的企业管理咨询公司成为股东。我们一起合作了三年，后因她嫁到北京，我们停止合作，公司注销。

转弯——自己创立公司，一做就是十二年，越来越得到客户的认可，有了相对稳定的客户资源。

结局——找到一份可以奋斗终生的事业，正在持续为之努力。

大家看，如果套用这个公式，我们就能更加清晰地讲述故事，更能体现逻辑性，因为有意外有转折会让听众感兴趣，让听众听明白到底发生了什么事。而用这个公式的时候，可以选大段的经历，也可以选择某个小段的经历，取决于你想给听众听什么，要达到的目的是什么。

第三种公式是：因为……但是……所以。

这个公式来自于一本书叫《故事力》，作者是沟通力导师高琳。我通过实践觉得该公式很受用，所以希望能和更多朋友分享。

一般我们陈述一件事情常用的语句结构是"因为……所以……"这样简单而清晰的因果关系。而每个人在现实生活中的实际经历会远比"因为……所以……"更复杂和丰富，比如：因为我的梦想是考上清华，所以我考上了清华；因为我知道运动对健康很重要，所以我一直都在运动，保证了健康；因为我很期待婚姻的幸福，所以我的婚姻很幸福……这些因果关系是否成立，仔细分析，你一定会说，似乎不太成立，似乎缺了什么？是的，缺了"但是"，而正是这个"但是"给结果赋予了更多的价值和意义，让简单的因果关系成就了一个个鲜活的故事。

我们来变化一下前面的语句：（因为）我的梦想是考上清华，但是我发现这并不是一件容易的事情，我开始调整学习方法，开始给自己制订学习计划，开始拼命奋斗，所以最终我考上了清华；（因为）我知道运动对健康很重要，但是我发现坚持运动非常不容易，总会生出很多理由来附和自己的懒惰，我开始制订自律的要求和标准，制订运动的计划并科学地开始运动，所以我一直都在运动，保证了健康；（因为）我很期待婚姻的幸福，但结婚后发现并不像自己想象得那么容易，反而经常因为小事两个人争吵不休，后来我们开始共同面对问题，心平气和、敞开心扉地了解对方的需求，有了更多理解、妥协和包容后，我们更相爱了，所以我的婚姻很幸福。我们不难发现，"但是"的加入增添了表达的翻转、过程的惊险和结果的来之不易，也为故事的构建增加了最有趣、最有吸引力的部分。就像好莱坞大片一样，总是有超出寻常的不寻常，这才会更加的吸睛。让人在意想不到中有所期待，让人在无限未知中有所收获。

二、讲好故事的两原则：与听众有关、让听众喜欢

讲的故事与听众有关非常重要，开场就决定了听众要不要听。

清楚了讲故事的重要性，我们就得开始选择所讲的故事，但无论讲的是什么故事，一定记住要"与听众有关"。我们在前面讲过"公众表达中的主体角色是听众"，在讲故事里主体角色依然是听众。我们需要了解听众是谁，听众想要什么样的故事，通过故事给听众带来什么，我们希望故事讲完以后听众们的反应是什么。听众只会在意与自己有关的内容，无相关性又无趣味性只会让听众失去兴趣。

"让听众喜欢"是说我们讲故事的风格，我们是平铺直叙的讲述，还是生动有趣的讲述？我们要花费多长时间来讲清楚一个故事？我们讲故事时是否逻辑清晰、通俗易懂？

有一次，由云南省女企业家协会和昆明市律师协会联合组织的"法企一家——税务与财富"活动中，邀请了税务师、律师、公证员进行了相关领域的分享。最后一位杨小敏律师的分享给大家留下了深刻的印象。她分享的主题是《家族信托——财富传承的明星工具》，大约用时20分钟。首先开场她问了两个问题：辛辛苦苦挣下的家业，子女若不善理财，挥霍无度怎么办？若日后企业经营发生变故，家庭生活没有保障怎么办？接下来她以五个让听众耳熟能详的人物为例，来讲述四方面内容：遗产管理、定向传承、隔离财产、隐私保护。熟悉的人熟

悉的故事，站在家族信托的角度进行解读，生动有趣、通俗易懂。家族信托对于相对有财富积累或财富自由的女企业家来说是有针对性的需求，但很多人搞不清楚为什么要做家族信托，如何做家族信托。从思维的改变到专业的服务都是有明确需求的。讲述的主题与听众们有关系，讲述的人物事件让听众们感觉到有趣、喜欢，这就是达成好结果的因素。如果变化一种讲述方式，先讲名词解释"家族信托"，再讲信托流程，最后讲大家有需要都来找我，我是专业家族信托律师。大家想想会有什么样的结果？我想大概率是听众不感兴趣、听不懂、记不住，也就不可能产生需求。

所以，对于专业知识的讲述，非常需要用故事来解读，专业是枯燥的、乏味的、流程化的，很容易引起听众犯困和听不懂。当用故事来进行解读时，就会感性、通俗易懂、记忆犹新。我们还要明白，在有限的时间里进行全流程的讲述是不可能的。我们只能先建立与听众的连接，或者叫信任关系，先让听众对短时间的分享内容产生信任，一旦信任关系建立，接下来的服务就更加容易和顺畅。所以一定记住，我们不可能也不要要求自己在有限的时间里把所有事情讲清楚。但我们可以先选择与听众有关系的，从听众喜欢听的角度入手，让听众感兴趣、愿意听，留下些念想反而能促进接下来的连接。

三、在短时间内讲好一个故事

我们一直强调，在公众表达中时间掌控的重要性，有吸引力又有效的公众表达一定是在有限的时间范围内把内容表达清楚，而不是长篇大论。我们在前面的章节也强调过多就是少，少就是多，对于讲故事来说依然如此。讲好一个故事，经常用故事来进行一分钟的自我介绍。要在一分钟内把故事讲清楚确实很有挑战，在训练营里，我们发现很多女性高管学员还没讲到正题，时间就到了，这是什么原因呢？总结下来不外乎三点：

1. 开头太长，总怕听众听不明白，所以开场会交代很多内容，越是长时间进入不了正题，越会让听众感觉冗余。

2. 想讲的观点太多，没有聚焦，所以讲不清楚，讲不透。我们经常会说在短时间的表达中，要学会"宽度一厘米，而深度一公里"。时间太短，要讲的观点太多，深度不够就缺乏干货，感觉是泛泛而谈。

3. 想讲的故事太多，东拉西扯，不着边际。当观点确定后，只需要讲一个最有代表性的过程或者论据来证明即可。

举例，我的一分钟自我介绍：

大家好，我是马琳。我是1991年毕业分配到国企工作的，主要在机关工作，负责统计、团委宣传等工作，工作很平稳，经历了人生中最重要的结婚生女阶段，生活就这么平淡无奇地过着。1999年某一天，我在当时的畅销杂志《读者》里看到一篇文章，主题是《四等人》：人世间有很多四等人，一是每天等下班，二是每个月等工资，三是每年等退休，四是退休后等死。看到这段文字，我的内心打了个激灵，全身汗毛都竖起来了，这说的不就是我本人吗？每天开始上班就盼望着下班；从发了工资的那天开始就盼望着下一次发工资；很羡慕当时办公室里将要退休的大姐，总是做梦自己也能赶紧退休就好了，年轻时就在做盼望退休的梦；等到退休那会只能等死了。2000

年，遇到一个机会，我坚决地离职了，离职让我的妈妈几乎两年不太搭理我。在妈妈眼里我有问题，自己主动放弃了在国企机关的稳定工作，跑出来在市场上奔波。有时她好不容易和我说话就会说："如果当年让你重新选择，你肯定不会这么选择的。"我说："是的，如果还有让我重新选择的机会，我会选择再早一点离职。"妈妈看看我，很无奈。

我的一分钟自我介绍讲完了，大家从这个自我介绍里感受到了什么？我在训练营讲这个故事的时候，学员们反馈说我是一个不安分的人，我是一个有追求的人，我是一个干脆的人等。但我在故事里没有带出任何一个观点，我只是做了客观的描述，而带给听众更多的是从故事里对我的认识，给我的评判，从而拉近距离感、建立信任感。这就是通过讲一分钟故事自我介绍的魅力。

第三节　故事中的营销力

曾经受邀给云南最大的中医、养生馆的基层管理者进行"销售顾问销售技巧提升培训"。在培训中有一个内容就叫：销售就是讲故事！其中有半天的时间是让学员们讲讲顾客的故事，一下子激发出很多与销售有关的故事。有对某一位顾客的服务到位而促使购买年卡的故事；有对某一位顾客安排了适合的中医解决了病痛而收到锦旗的故事；有顾客身体在医馆得到有效医治的故事等。我们没有直接说产品有多好、服务有多好，而是通过为顾客解决了困难、提供了优质服务而带来更多更长久的促单故事引出中医馆、养生馆的实力。这种以讲故事来达成销售成果的方法更能让顾客产生信任,达成业绩的完成。学员们都说:原来,故事有这么大的威力。

今天的销售要打破过去的传统思维和方法,优秀的销售员不能只侃侃而谈,更重要的是挖掘客户需求并提供解决方案。所有的销售顾问都要学习和提升讲故事的能力,而作为女性企业家、高管,更是公司的大客户销售员,掌握故事营销力也是必需的技能之一。

在女性高管训练营,有位学员是这么讲的:

我是从事高考志愿填报工作的老师,每一年在高考志愿填报上都会给予很多家长和高考生支持和帮助。记得有一天晚上大约九点半左右,外面下着很大的雨,忽然响起一阵急促的敲门声,刚开始我没开门,因为有些晚了外面还下着雨。但没过一会儿敲门声又再次响起,还听到有人叫"杨老师",我赶快开了门。看到两个人站在门口,虽然打着伞,但身上已经淋得湿漉漉的,一位年长的女士看到我说:"杨老师,这是我女儿,我们是来自地州的,孩子今年高考刚刚知道分数,但我们不知道怎么报志愿,听朋友介绍来求您帮忙的。"我把两位迎进屋里,才了解到孩子今年高考考取了当地第一名,想报考云南师范大学,但心里没底。我仔细分析了一下孩子的分数、当年高考情况和三年内高考情况、孩子的梦想、意愿等,我建议她们可以冲一下北京师范大学。孩子妈妈说不敢想啊,能考上云南师范大学都已经谢天谢地了。但在我的坚持下,她们第一志愿报了北京师范大学。可喜的是,孩子被北京师范大学录取了,孩子全家来登门感谢,我也由衷地为孩子高兴,为自己从事这份职业感到骄傲。

听完了这个故事，您有什么感受？如果您也有同样情况是否愿意请教杨老师？或者愿意把杨老师推荐给有需要的朋友？我想，答案是肯定的，虽然故事里全篇没有出现对自己专业的说明、没有对自我评判标榜的语句，也没有出现明显的销售痕迹，但我们对这位"杨老师"却有了初步的信任。这就是销售于无痕中的力量。

记得在训练营，有位做医美的陈总，在课程中讲故事的环节她的故事是这样的：

大家好，我专业从事医美行业10年，服务过很多爱美女性。我也经常到各地去做医美服务，2017年，柬埔寨最大的房地产开发商太子集团老板娘慕名来昆明找我做全脸精雕，因为对结果反馈非常好，又介绍了表妹来昆明找我。不管任何年纪的女性都是爱美的，我愿意为大家提供专业服务。

陈总的这个故事很短很短，大约一分钟讲完，但是一讲完就获得了在场姐妹们的掌声。因为陈总讲了一个非常有影响力的故事，这个故事带来的是听众对她专业能力的认可。我们会发现，陈总没有夸赞自己专业厉害，而是用一个亲身经历的故事来证明，用一个事实案例进行故事的呈现，和听众建立了信任关系，在无形之中埋下了销售的种子。这就是用故事营销的厉害之处。

第四节　讲故事的注意事项

一、好故事构建的禁忌

首先，开头不要说"我给大家讲一个故事"，会让听众有种被设套的感觉。人天生都有警觉性，会自然地反应出对外界事物的对抗，没有人会喜欢被设套。

其次，不要说虚假的故事，那样经不起推敲，没有生命力。虚假的故事不如不讲，因为虚假总有一天会被识破的，被识破后的杀伤力远比不讲故事的大。脚踏实地地讲真实故事，会让你感受到故事的真正魅力所在。

再次，不要用一个故事讲无数个观点，容易讲不清楚，导致听众听不懂，也不愿听。这种现象我们经常遇到，超时、啰唆、繁杂、绵长等，一定会引起听众的反感。因为听众的专注力是有时间限定的。英国银行劳埃德 TSB 集团进行了一项研究，结果有了一个有趣的发现：成年人的平均注意力持续时间从十年前的 12 分钟已经缩短至现在的 5 分钟。所以表达者要抓住宝贵的 5 分钟时间进行重要内容的讲述，讲清楚比讲完更重要！一个故事只讲一个观点就是最佳的办法。一个一个故事讲，一个一个观点阐述。听众更关注自己能不能听得懂、听上去是不是有趣，而不去关注你讲了多少内容。

最后，是不炫富不秀恩爱。我们讲故事的目的是让听众愿意听、听得懂、记得住、可传播，所以在讲故事的时候一定要关注和理解听众心理，不与听众产生对立感，或者让听众产生反感。比如总是炫富或者秀恩爱，培根曾说过："好炫耀的人是明哲之士所轻视的，愚蠢之人所艳羡的，谄佞之徒所奉承的，同时他们也是自己所夸耀的言语的奴隶。"

我们先来说说关于炫富，什么样的人才会炫富？我很认同一句话：内心肤浅的人才会来炫富。关于什么才叫"富"，我查不到标准答案，因为每个人对"富"的衡量不一样。有的人觉得有 100 万就可以叫富；有的人可能觉得有 1000 万叫富；还有的人会认为拥有亿级以上财富才能算富；当然对钱不在乎的人认为只有思想"富"了才叫"富"。真正有财富的人会更低调和谦卑。变化的环境、不确定的因素太多，谁能保证一直拥有财富呢？让我们牢记那些话：满招损谦受益；财不露白、贵不独行；月满则亏、水满则溢。

再来说说秀恩爱。爱情会有激情期和蜜月期，但真正的爱情却是不离不弃的平淡相守，三餐四季的平常相伴，也是互相的包容、接纳和妥协。更加长久的感情会经得起波澜也经得起平淡，两手相牵的幸福或是两嘴相拌的烦恼都是两个人感情路上的必经之路，不必向外界展示，只需心有所喜、心有所安即可。

二、故事要有细节有画面感

在中阶训练营的课上，我总会分享一个亲身经历的故事。2017 年 3 月，我们公司收到一家已签订合同的客户打来的电话，说和我们签订的全年 7 个项目合同都因他们内部问题要终止，7 个项目合同占我们整年度收益的三分之一，立即涌上心头的是压力、烦躁、焦虑，这可是跟踪了两年多的客户并好不容易签下的项目。正在烦闷之际，深圳的一位朋友打来电话说："我要来昆明，我们一起去褚橙庄园看看如何？"说走就走，我们第一天来到了玉溪市，第一个行程就是去拜见褚时健的夫人马静芬马老并与马老近距离交流，听马老的分享。我们到达酒店，刚走进会议室就看到马老已经端坐在椭圆形会议室的正中间，老人家头发梳得很光滑戴着发箍，还在后面扎了一朵暗红色镶黑边的头花，肩膀上披了一条大红色的披肩，她向进入会议室的人点头微笑，花白头发下有一双炯炯有神而慈祥的眼睛。大家都坐下后，马老开始分享，主题是"磨难就是财富"，马老说她一生中最艰难的是在监狱里的时候得知女儿自杀，这带来的是自己希望的破灭，也曾一度想追随而去，但又觉得不但不能解决问题，还会平添亲人们的悲伤，所以坚持活了下来，后来褚老因病保外就医，两位老人家开始创业，慢慢有了后来的褚橙庄园、褚柑基地等。听到这里，我已经泪流不止，我损失的 7 个项目和老人家痛失女儿的事情相比算什么呢！人世间，除了生死，一切都是小事！回来后我重新整理思绪，带领团队开拓市场，还与褚马学院签订了战略合作关系，我们希望能尽自己所能把褚马的精神传承下去，让更多人学会面对磨难，并相信"磨难就是财富"。

故事讲完了，我问学员们有哪些记忆深刻的地方，学员们都说对我第一眼看到马老的细节描述印象深刻，因此会记得分享的主题"磨难就是财富"。后来过了一段时间我见到一些老学员，当我问起对她们对马老故事的印象时，有很多学员依然记得那个细节描述，说一想起来总有一种精神力量在激励着自己。这就是细节描述的价值，因为人的大脑记忆更多的时候是情感线，更容易去记住当时浮现在脑子里的图形、场景和画面，并且长时间不会遗忘。就像我们小学学习数学一样，在公式或者文字的旁边总会有相匹配的图片，而图片展示的正是一个个有画面感的故事，更能激发学生的兴趣并利于记忆。

笨拙的人讲道理，而聪明的人讲故事。来吧，让我们一起开始讲故事！

三、讲故事要动真情

2021年5月8日母亲节，我们云南省女企业家协会组织了一次主题为"最柔软的她，最动容地说"小型沙龙活动，主要形式是通过讲母亲的故事来共度母亲节，也提升大家讲故事的能力。我担任了主持人和分享人，20多位女企业家姐妹参加了活动，活动中最重要的过程是每位女企业家分享自己与母亲的故事。一开场，我先分享了讲故事的三点技巧：一次只讲一个故事；一个故事只带一个观点；三分钟内讲完故事。

说到母亲，都是我们心中最柔软最温情的部分，有的姐妹还没开口讲就已经泣不成声。但到了最后，姐妹们都很感动。其实大部分都没按照我说的三点技巧来讲述，但依然打动在场的所有人，因为没有套路，只有真情，大家都在真实地讲述母亲的故事。所以，我经常说，如果你还没来得及参加专业的公众表达训练营，又准备上台分享时，记得用真情进行表达。这是最淳朴也最容易获得听众认可的方式。但千万要真实，不能编撰。

记得有位姐妹的分享的故事：

除了我上大学的四年外，我和母亲都在一个城市生活，在我的记忆里母亲没有温柔过，不管是对父亲，还是子女，和我们所有人说话都是命令中带着指责，几乎没有像电影中描述的慈母的样子。父亲生病了，母亲说得最多的话就是："看吧，叫你多穿点就是不听，叫你不要用冷水洗手就是不听，叫你不要大冬天的还穿着凉鞋……"我们考试没考好，母亲也总会说："叫你细心一点你不听，叫你好好复习你不听，叫你多检查几遍你就是不听……"似乎在母亲的眼里,我们所有人没做好事情都是因为没听她老人家的话。说实话,我一直不理解,甚至一度排斥母亲、不和母亲过多地交流。遇到了困难、高兴的事,我也不和母亲交流。因为我知道,无论我说的是好事还是坏事都会是一样的结局,那就是母亲的命令和指责,说着那些听腻的话,让人心里烦躁。母亲是家里的经济大权掌控者,父亲说自从和母亲认识的那天起,工资都是由母亲负责管理,父亲会得到很少的零花钱,所有家庭开支都是母亲说了算,父亲说母亲管钱他服,因为老两口用一辈子微薄的工资买了两套商品房。母亲特别善于人际交往,无论她住在哪里,每过一段时间,周围邻居都会和她成为朋友,还是那种感觉已相处多年的朋友,我很佩服。家里总是出现各种水果、点心、蔬菜,母亲说都是邻居们送来的,父亲告诉我说那是因为母亲送了她自己亲手做的馒头、鸡蛋饼等,甚至还不时有人来敲家里的门,打开门又没人,只看到一个个大纸箱、小纸盒的,父亲说:"母亲会收集纸板去卖,邻居们知道了都会给她拿来。"我不同意,母亲不缺这点钱啊,还极其不卫生,母亲说:"不偷不抢不犯法,也不去刨垃圾箱,闲着没事也算件事,还能有一点点的收入。"近几年,因为工作忙,我回家的次数不会太多,但是每次回家都发现桌上有自己最喜欢吃的菜,并且都是按照自己喜欢的配料制作的。吃饭时,母亲最喜欢说的就是今天的哪个蔬菜多少钱一斤,哪里的超市打折便宜,甚至记得住小数点后一位的价格。吃完饭,我说:"我来洗碗。"母亲总是说:"不用不用,几个碗我会洗的。"我抬头看看母亲的背影,满头白发,有些佝偻的背,才意识到,母亲也已经七十多岁了。我发现自己挺幸福的，五十多岁了还在享受着老母亲的照顾，也是到了现在这个岁数，才越来越感受母亲不是不温柔，母亲是不敢温柔，抑或是母亲在用不同的方式表达着她的温柔。说实话，现在的我，很心疼母亲。

这个与母亲有关的故事，没有华丽的语言，没有歌颂的豪情，只有平凡小事的描述。但我们都被这个故事所打动，甚至我们可能也有这样一位"不温柔"的母亲。我们被什么打动呢？是真情，从对母亲"不温柔"的不理解到今天的心疼，这个转变是发自内心的真情实感。这段故事的表达还有细节描述，从刚开始母亲命令式的交流到父亲对母亲管钱的服气，再到母亲背影的描述，都为我们呈现出一幅幅画面，感觉就是发生在我们自己身上的事。这就是真情的力量，当我们去掉那些假大空的语言，去掉那些高调的渲染词汇，只用真情去表达时，我们依然可以成为一位有思想有正能量的公众表达者。

这就是故事中真情的力量！

当然，最好的方法还是学习专业的故事讲述技巧，有真情有逻辑，有真实有内涵，才会真正地具有影响力。

第六章

女性在公众表达中的生动力

在公众表达中，我们要学会理性思考，感性表达。无论是内容的构建，还是故事的讲述，我们需要学会有理有据、条理清晰、逻辑性强，这是理性思考的表现。但如何通过理性的呈现与听众建立信任感，又能通过生动的表达吸引听众来听，让一次公众表达有血有肉？对此，表达中的生动性显得尤为重要，对于女性，可以把与生俱来的感性发挥出来，更能体现女性的优势，柔软且有力。感性的表达主要体现在生动性，让表达的内容和方式呈现生动，本身就是一种能力。

第一节 列数据、讲故事、打比方

2019年中央广播电视总台组织的"主持人大赛"，为优秀的主持人搭建了一个展示平台，为中国广播电视事业输送了主持人才。在众多优秀的主持人中最令我难忘的是当时云南广播电视台主持人崔爽的表现，她作为新闻类2号选手出场，三分钟自我展示的内容如下（以下为视频中的文字表述）：

观众朋友大家好，欢迎收看今天的"脱贫攻坚"特别节目《他乡是故乡》。

照片中的这对父子，都是上海人。老父亲是20世纪90年代的第一批上海援滇干部。二十多年后，儿子宋杰接过接力棒成为第十批援滇干部，现挂职于云南省普洱市的景东彝族自治县。今年宋杰两年挂职期满了，他主动提出申请继续留任再干一届，干满五年。得知这一消息，今年已经七十一岁的老父亲从上海辗转三千多公里赶到景东彝族自治县，不为别的，就是想来看看儿子，再给儿子鼓鼓劲。但因县里突发山火，宋杰在救火一线忙了三天才赶回县城见到父亲。

这是刚下火线还花着脸的宋杰在给老父亲揉肩。他不知道的是,老父亲背对着他,早已经红了眼眶。这不想被儿子察觉的泪水不仅包含着对儿子的心疼和理解,更包含着两代人对援滇工作的责任和传承。老父亲曾经问过儿子:"为什么要再干一届?"儿子说:"我想完成您的事业,亲眼看着景东县脱贫摘帽。"像这样的援滇干部有太多太多了,他们把他乡当成故乡来热爱和建设,他们扎根在这里,坚守在这里,与云南各族人民一起,在扶贫路上携手奋斗。

2017年,云南有十五个贫困县实现脱贫,2018年三十三个,2019年力争三十一个,到2020年,最后剩下的九个贫困县也将全部实现脱贫。

我从东北来到云南工作,离开故乡也整整十年了。我想很多朋友应该和我一样,我们为了追寻梦想,生活打拼在他乡,故乡对于我们来说逐渐变成了一个遥远的地址、一沓往返的车票、甚至是电话那头父母的叮嘱和满头的白发。但当我看到这群援滇干部,我突然意识到,你为之奋斗的他乡又何尝不是你难忘的故乡啊?它更像是一种信仰,它让你站在这里,却看到更远的地方。

如果有人再问我:"你是哪里人?"我会认真地回答:"我是东北人,但我的家在云南。"

看完崔爽的这段视频,有佩服、有感动,佩服这段表达的干净利落,感动这段表达的真情实意,简直是我们学习公众表达的教科书。仔细分析,有以下几点值得我们学习:

主题清晰。开场就交代了主题《他乡是故乡》。我们之前说过，主题清晰非常重要，因为主题清晰能让我们在内容构建和准备中不偏题不离题，能让表达者在准备中进行内容聚焦，沿着这个主题脉络进行内容结构的搭建。

讲故事。崔爽讲了一个援滇干部父子的故事，有很多细节描述："这是刚下火线还花着脸的宋杰在给老父亲揉肩。他不知道的是，老父亲背对着他，早已经红了眼眶。"非常有画面感，我们也会被这样的画面深深打动。

数据的运用。在讲云南脱贫攻坚的成绩时，崔爽运用了数据排列的方式："2017年，云南有十五个贫困县实现脱贫，2018年三十三个，2019年力争三十一个，到2020年，最后剩下的九个贫困县也将全部实现脱贫。"讲完这句话时，在场的评委和观众们用热烈的掌声来表达对云南取得的脱贫攻坚成绩的祝贺。我们在之前的篇章分享过，数据化的表达更能增加真实性、可靠性和精准性，能让听众对表达者产生信任感，能让数据反映出事情变化的效果。数商的提升，是女性高管的必修之课，因为这会促进我们理性思考的部分，增强逻辑性、专业性。

抑扬顿挫的表达。在故事中讲到"老父亲红了眼眶"，此时崔爽的语音降低、语速放缓，饱含了父子之间的情谊。在讲到脱贫攻坚的数据时，语调加重，语速增快，让人感受到表达者内心的激动和骄傲。在讲到"如果有人再问我：'你是哪里人？'我会认真地回答：'我是东北人，但我的家在云南。'"这一段时，语音降低，语速放缓，让人感觉到情谊、坚定和自信。

传播正能量。从主题看"他乡是故乡"，可以从多种角度来进行点题阐述。我们发现崔爽讲述了我国最具影响力的"脱贫攻坚"中父子的故事，来表达作为国人对国家、对云南取得的成绩表达出骄傲和自豪之情，以大我的体现来诠释小我的故乡之情，向参与云南脱贫攻坚工作做出贡献和付出的人致敬，是传播正能量的最好体现。

时间精准。我很认真地数了一下，崔爽用了刚好三分钟时间进行了 700 字左右的自我展示，这种时间的精准把控非常令人佩服。这需要多少次的练习才能达到这样的结果？我们之前也分享过，一般非专业主播一分钟讲话 200 字左右，专业主持人讲话一分钟 300 字左右。而时间精准把控是表达者非常重要的能力之一，因为没有人有时间有耐心来听我们长篇大论，越是职务级别高的人时间安排的颗粒度会越细。我们在既定时间内把内容讲完还能获得听众的认可，这才是有效表达要达到的结果。

结尾点题升华。接近尾声处的点题也极其妙，原文是"但当我看到这群援滇干部，我突然意识到，你为之奋斗的他乡又何尝不是你难忘的故乡啊？它更像是一种信仰，它让你站在这里，却看到更远的地方。"从远在他乡的小我升华到援滇干部，从自己的家乡到为之奋斗的他乡，他乡亦是故乡的情怀升华，让人既能感受对援滇干部的敬佩，也能感受一个人把他乡当作故乡的决心。

状态极佳。在崔爽的这段表达里，让我们感受到崔爽的状态极佳，从精气神、从眉目眼神、从声音语调、从每一段的抑扬顿挫、吐字清晰、情感拿捏，都呈现出她稳稳的状态。一头过耳短发、一套黑色职业裙外搭粉色西服，既有职业范儿也有女性的柔美细腻。

第二节　用建库解决词穷

　　词穷，就是无法找到合适的词语把意思表达出来。这是多数初学公众表达的人常见的问题，敢于上台后却总是因为词穷阻碍了表达。迅速解决词穷的问题有两种方法，一种是通过自学快速提升语言构建能力；另一种是把别人已经说过、用过的内容整理成自己的语言。第二种更能快速帮我们解决词穷的问题，但更准确地说，应该是先用第二种方法，然后去达成第一种的结果。要学习第二种方法先要学会建库。

　　什么是建库？建库就是把平时所听、所看、所读的自己认为有用可用的资料、信息等收集归类到自己建立的文件夹。不知道大家有没有这种感觉，会在某一个时间点听到一个故事或看到一个场景或读到一段文字突然被触动。但我们只是当时有了这个感觉却没有记录下来，有一天想要分享时却怎么都想不起来详细的情景，当然也就说不出可以打动听众的细节，只能自嘲地说："不好意思，自己记性太差了！"其实我想说的是，不是记性太差，大多数人对发生在一段时间之前的事情都会选择性记忆。俗话说得好：好记性不如烂笔头。我们需要学会先建库，见到心仪的可用的内容要学会立即收集。我自己常用的收集方法有三种：第一种是用手机录音，然后转成文字进行分类归档；第二种是记在随身携带的笔记本上，然后分类归档；第三种是记录在微信传输助手上，然后分类归档。

一、建哪些库

我建议大家先建六个库,即金句库,名人名言库,古诗词库,故事库、案例库、视频库、歌词库、自言自语库。这六个库的建立会大大地提升我们在公众表达时内容的储备。有很多现成的资料,我们只需要收集、整理、运用,也可以根据自己的职业、行业、经常需要表达的场景、对象进行收集整理并建库。

1. **金句库**

金句,就是简短又富有内涵的句子,也可以说是像金子一样有价值、宝贵的话语。说者不一定有名,但语句足够发人深省。金句的特点就是语言精练、容易记忆,富含寓意。金句的背后,富含很多故事,可以引发听众的思考,也可以让听众感受表达者的丰富内涵。

在我建的库里面,就有很多金句,我也经常在不同的场合、主题、对象中运用,甚至自己也开始创造金句。来看看我喜欢的金句:

没有绝望的环境,只有绝望的心态。

接受最坏的,追求最好的。

愤怒是一种自我毁灭。

无视危机才是真正的危机。

选择之前不犹豫,选择之后不后悔。

成功的核心在于不被失败所左右。

适度发泄,才能轻装上阵。

你若将过去抱得太紧,怎么能腾出手来拥抱现在?

没有恰当的沉默，就没有良好的沟通。

如果剑不如人，剑法就要胜于人。

组织最致命的危机就是道德的危机。

不要用战术的勤奋掩盖了战略的懒惰。

大家从这些金句中感受到什么？句子短，含意深，便于记忆，对吗？是的，这些短小却精悍的句子背后都可以讲出一个经典的故事或是一段精彩的描述，都蕴含着极其深厚的道理，总是耐人寻味。把这些金句适当用在表达中的时候，能让我们的表达有点睛、总结、升华的作用，而这种方法也经常被有一定影响力的人使用。比如罗振宇、雷军、刘润、吴晓波等，我们来看看罗振宇跨年演讲中所使用的金句：

行就行，不行我再想想办法。

每个人都是别人的一盏灯。

腾挪，不硬碰、巧转身、换思路、开新局。

比早晚更重要的是，你为什么出发？比快慢更重要的是，你要解决什么问题？

看到确定的未来，现在能做的，马上做；能力不足的，赶紧学。

随着时间的推移，我们会淡忘很多过去的事情，但是我们总会想起在某一场公众表达中的那些金句。那些金句会随着岁月的流逝永远代表着时代的印记、情感的寄托和奋斗的历程。当我们回望时，总能脱口而出这些浓缩后的精华语句，总会想起那时那景。吴晓波2023年的"年终秀"主题——会发光的勇敢者！从简短的几个字里，透露出吴晓波要分享的思想主线，我相信，很多人在期待！

2. **名人名言库**

海明威说:"真正的高贵,不是优于别人,而是优于过去的自己!"

曾国藩说:"物来顺应,未来不迎,当时不杂,既过不恋。"

回顾日本"经营之神"稻盛和夫的一生,有太多让人敬佩的商业奇迹,还有他留下的经营哲学:"人生工作的结果=思维方式×热情×能力""敬天爱人,利他之心。我一生所有的成功之道,都抵不过这八个字"……

3. **古诗词库**

送别
[唐]王维
下马饮君酒,问君何所之。
君言不得意,归卧南山陲。
但去莫复问,白云无尽时。

如梦令·昨夜雨疏风骤
[宋]李清照
昨夜雨疏风骤,浓睡不消残酒。
试问卷帘人,却道海棠依旧。
知否,知否?应是绿肥红瘦。

4. **故事库、案例库、视频库**

这个部分可根据自己经常需要分享的场景、对象进行针对性的建库。平时多注意收集整理归档,建库的时候注意尽量细分,越细分越利于使用时查找。并且要分时间段对库的内容进行适当的更新和整理,不使用已经过时过气的内容。只有内容与时俱进才能有创新感,才能满足听众的需要,吸引听众的注意力。

故事库。既可以是自己的故事,也可以是别人的故事。故事最好不要太长,一般保持在3分钟以内可以讲完。并且对故事要有选择性的入库,入库时进行分类,比如:家庭教育故事、职场沟通故事、销售技巧故事等,便于日后需要时查找。故事的选择很重要,一般要选择有代表性、特殊意义、稀缺的故事,大家都知道的故事会让人感觉毫无新意,比如:三个和尚挑水喝、狼来了、龟兔赛跑等。

案例库。案例的选择和积累也很重要,案例的特点是陈述一件事实。用事实的发生来呈现要表达的主题,案例应该是真实的,要有发生时间、事情发生过程以及人物。案例最好是某个典型性事件,对于某个主题的表达具有强烈的代表性。此外,还要有分析和分析的结果。

视频库。视频在公众表达中的作用是增强视觉感、加深听众记忆。因为视频有着天然的艺术性和冲击力,所以可以在公众表达中适当运用,可以起锦上添花的效果。在公众表达中,当需要表达的时间超过五分钟时,有可能需要用到视频的辅助。视频库的选择、分类和故事库是一样的。时间最好不要占表达时间的十分之一,视频太长就会喧宾夺主,抢了表达者的风头,视频只能是对表达者的辅助,而不是主角。视频的选择可以是电影、电视剧片段、也可以是自行录制的小视频,关键要和我们公众表达的场景有相关性,因为建库的最终目的是用库。

5. **歌词库**

说起歌曲，每代人有每代人的喜欢，每一首歌里都寄托了一代人的生活、情感、奋斗。其实歌词也是非常棒的文字表达，都是精华，很值得建歌词库，比如，我的歌词库里有《孤勇者》《大海》《青花瓷》等。

这些歌词饱含着不同的故事和情感，就算没有了曲调我们依然可以感受字里行间的感动。如果我们在合适的表达内容里加入这些歌词，是不是也可以让我们的内容更加丰富，让我们表达更加有内涵呢？在我的歌词库里还有很多歌曲的歌词，一般我不会把整首歌的歌词都入库，而是选择其中最打动我的，有可能被我在公众表达中运用的。

6. **自言自语库**

大家一听肯定纳闷，什么叫自言自语库呢？其实我经常会有种感受，人总会在某一个时间，因为一件事或者一个人，让我们的大脑会泛起很多涟漪，而这些涟漪是可以用文字来进行表达的，并且时间一过就没有这种感受了。所以，一旦我有涟漪的时候，就会立即整理成文字入库，这是灵机一动而来的，都是很宝贵甚至是很新颖的东西。这些内容会铭记在我们的内心，成为我们的思想、精神并引领着我们的行动。

用古文、诗词来替代一些普通的语言，会让我们更有内涵，更能打造"腹有诗书气自华"的气质，比如：

越努力越幸运——星光不问赶路人，岁月不负有心人。

贫穷限制了我的想象——囊中羞涩，不知市井繁华。

我读书少，你不要骗我——君莫欺我不识字，人间安得有此事。

我想你了——山河远阔，人间星河，无一是你，无一不是你。

一辈子就爱你——既许一人以偏爱，愿尽余生之慷慨。

建库是一个从 0 到 1、从 1 到 N、从 N 到 N+1 的过程。最难的是从 0 到 1，一方面是因为没掌握建库的方法；另一方面是因为没养成建库的习惯，还没找到建库的乐趣和意义。两种都有可能让我们无法持续有效地建库。所以在刚开始建库时，一定要鼓励和提醒自己持续坚持。为了促进训练营学员们保持建库的习惯，我们设立了"21 天女性高管线上言行陪伴营"，参加人都是训练营初阶班的学员，目的是营造一个共同行动的环境，给方法、提任务、给反馈、有奖惩，促进学员们从知道到做到的达成。

建库时要注意保证库的品质，内容不在于多而在于可用，要有选择地进行建库，有时库的内容过多，反而会影响你的使用效率，削弱你建库的动力。

二、库的应用法则

第一，了解意义，才能恰当运用。当我们去建库的时候，一定要先清晰每首诗词、每段文字、每个金句所表达的真实含义是什么？千万不能断章取义，随意使用，不然会出现生搬硬套、文不对题的情况，甚至会闹出笑话。我建议大家在建库的时候就把相对应的背景和解释同时入库，以便于在需要时能针对不同的场景、不同的内容进行取用。

第二，经常运用，才能熟练掌握。当库建好之后，就要经常运用了。如果长时间不用，库会变成"僵尸库"，有可能内容早已不适应时代的发展和需要了。我们需要有意识、经常性地运用库里的内容,用多了自然就能熟练掌握。我在平时的公众表达准备工作中,会因为一个内容的运用需要记忆,往往要朗读背诵十遍、二十遍、三十遍,一直到可以脱口而出为止。到了可以脱口而出的时候,内心总是充满了喜悦和成就感。

第三,为我所用,才能归我所有。只有当库里的内容能经常性、恰当地被运用时,这些库里的内容才算是真正成为我们拥有的东西,不然,始终只是库里的或别人的东西。比如:在训练营讲课时我会经常运用董卿在朗读者中的开场白内容,每次用完我都问学员们猜猜这段文字是来自哪里?学员们基本回答是我说的,这就是归我所有的最佳结果,表达者和库里的内容合二为一。所以,我的做法是库里的内容不在于多,更在于精,可以经常性被我所用的就是精。因为我们每个人分享的场景会不一样,每个人的风格和喜好会不一样,所以不是好的东西都要入库,而是只需要把我们经常用到的内容入库即可。因为入库不是目的,运用才是目的。

三、库的更新和迭代

建好库,开始应用库里的内容是重要的行动,还需要更进一步行动的是定期或不定期对库进行整理、更新和迭代。有的内容经久不衰,可以根据场景的不同长期使用;而有的内容却要根据时代的发展、环境的变化进行更新和迭代,比如:故事库、案例库、政治时事库等,都具有时代特征,别说十年前的故事和案例了,就是三年前的故事和案例,如果没有创新、照本宣科地去讲述，都会给听众带来过时、乏味的感觉。而对于时事政治库来说，更需要持续更新，快速迭代。所以要让库显得更有生命力，需要不断持续地更新与迭代，才能保持与时俱进、新颖有料。

第三节　公众表达中的时间管理

在过往的公众表达经历中，大家是否关注过时间？大家是否经历过去听一个分享，觉得怎么老不结束，左看时间右看时间，烦躁不安，但是分享者就是不说结束的话。

时间，在公众表达中是个重要的元素，但往往又会被大家所忽视，表达者有时会问邀请方："我有多长发言的时间？"邀请方一般会说："您自己看着讲吧！"表达者更多的时候不会去问邀请方，讲长讲短自己做主。还有一种情况是邀请方已经清晰告知分享时长了，但现场分享时表达者严重超时，甚至开场用时过长，等到时间都过去一半了还没进入正题，刚要进入正题时间就已经要到了，还没开始就要结束了！这种情况在好讲师大赛里经常看到，参赛的讲师没有时间观念和掌控时间的能力，最后的评分就是低分。

我们最想听到的有效公众表达是在有限的时间节点中达成应该表达的目标，完成应该表达的内容。我们要养成和邀请方确定时间的习惯，就算邀请方含糊不清，随便我们讲多长时间，也要通过了解会议议题、参会人等信息进行自己分享时间的确定，一般宜短不宜长，如果参加会议的人中有高级别的领导发言，更要注意时间的掌控。当清楚了表达的时长要求，更利于进行相关的准备,比如对内容进行合理的时间分段,一般会分为开场白、主体内容和结束语三个分段的时长。建议开场白的时间大约 10%,主体内容的表达时间大约 70%~80%,结束语大约 10%~20%,当我们对时间进行了清晰的分配,就能更好地准备内容的长短,能避免如下问题:

1. 开场白用时过长,无法快速进入主体内容的分享,错失了用开场白吸引听众的机会,反而会给听众留下不清晰的感觉。

2. 结束语用时过短,经常一句话 10 秒钟就完成了结束语,错失了结束语可以弥补之前缺失内容的机会,会让听众感觉专业度不够。

3. 超时间分享表达,语言累赘、没有轻重之分、老重复同样的语句、不能突出主题,引起听众的反感和烦躁,失去了有效传播的机会。

当然,既然是确定了时长,就要去遵守。在我们培训班中,能准时上下课的老师总是受学员们的欢迎,因为每个人的时间都很宝贵,越是级别高的人把时间安排得颗粒度越小。也因为每个人都有自己的时间安排,以致下课后要去做什么事都已经计划好了,如果老师们不遵守时间,就打乱了学员的节奏。严重超时讲课,不会体现你有多少的付出,更多体现了专业化和职业化的缺失。

所以,表达中对时间的掌控非常重要,我们遵守时间,才能给听众留点念想并期待下次再见!

如何让自己能有效地掌控时间呢?在内容准备阶段就清晰划分开场白、主体内容和结束语的时间占比,然后开始进行刻意练习，每一次练习都要有改进和成效。一定要拿出手机或者计时器进行计时，微信每条语音是60秒，可以用来训练自己的语速和时间的掌控。久而久之，我们就会对时长有了感觉。我现在无论是在公司开会还是受邀分享，都会把时间控制作为重要要素。

第四节　公众表达中的两个对比法则

一、多就是少，少就是多

道德经中写道：知者不言，言者不知，智者语迟，愚者话多，人不贵在牙尖嘴利，而贵在耳聪目明。

公众表达中，很多时候我们看一个表达者经常沉浸于自嗨不能自拔，不管从表达的质量还是时间的掌控，听众们已经没有耐心，可怕的是表达者怎么都停不下来，也不关注听众们的表情和状态，完全处于一种"我不多讲一些就对不住听众"的感觉。这是一个表达者自私的表现，因为只顾自己的喜欢，不顾听众的反应。

我总结了一个在公众表达中的对比法则：多就是少，少就是多。意思是：说得越多，听众们接收得越少，说得越少，听众们听进去的越多。并且在分享中要往深度走，而不往宽度走，宽度会让内容浮于表面，深度会让内容有干货。而很多表达者的心理是讲多一些听众才能听得懂，讲少了讲不清楚。我们在训练营做过很多次演示训练，越是讲得多的人越容易添加很多正确的废话，而越是讲得少的人越懂得"去其糟粕，留其精华"。所以，讲得越多的人越会暴露一个问题：不懂取舍，不会提炼。任何一次精彩的公众表达，不会出现多余的废话，言语中透露的基本都是干货，会让听众意犹未尽，不舍结束。

二、大就是小，小就是大

前半句的大指的是标题大，小指的是听众接受度小；后半句的小指的是往细小的地方去讲，大指的是听众能得到大的道理。这也是在公众表达中经常出现的问题，表达者把话题定得很大，讲宇宙、讲世界、讲国家，经常都讲不清楚，常常只能出现很多口号式语言、宏观性分析、常识性道理。而这些内容是网络时代最不稀缺的，在任何平台都可以看到。当大家得到很容易的时候，就不能显示出表达者内容的独特性和稀缺性，也就失去了吸引力。而当我们从细小的地方去分享，抓住一事一物、一情一景，往深度去研究的时候，才会带给听众愿意听、听得懂、记得住的效果，以小见大的作用往往会大于宏观分析。小事件、小题材、小故事也能反映大道理、引出深广内容、揭示重大主题。很多寓言故事就是以小见大，比如狐狸吃不着葡萄说葡萄酸的故事，这则故事告诉我们，有些人无能为力、做不成事情，却偏偏喜欢找其他理由。

第五节　脱稿表达的秘密

脱稿表达，在公众表达中是个很重要的要素，因为能显示出我们的专业和自如。在很多场合，我们都看到在台上念稿的场景，有的表达者从读稿的那一刻开始就没有抬过头，而有的会间歇式地抬一下头。我问过念稿不抬头的表达者为什么不抬头？回答基本是一样的："我很紧张，我不敢抬头，只要一抬头再低头，就找不到念到哪里了，那不是更紧张吗？我能顺利把稿子念完已经很不错了。"还有的表达者，因为紧张，会让听众明显看到手拿着稿子在发抖。本来手上不拿稿，听众一般不能轻易看出你的紧张，但手上一拿稿，紧张完全暴露，会让听众对你的信任度有所降低。拿着稿子念稿，我们感觉表达者对自己表达结果是没有要求的，只要完成任务就好。但实际上一直低头念稿可以属于"见光死"，或者叫浪费时间，因为大家都识字，不如打印出来发给大家自己看，有问题再针对性地答疑，也许这样更能让人接受。而从价值意义来说，表达者也失去了一次以最低成本获得表达红利的机会。低头念稿不是一种能力，脱稿表达才是。

无法脱稿表达，首先来自于我们内心的设限，总认为自己一直都是这样的，一上台就紧张，一紧张就无法表达。我们前面说过，只要做好充分的准备工作，掌握好公众表达的技巧，坚持不断地刻意练习，勇敢地走出第一步，一定可以达到脱稿表达。如果一开始无法达到全脱稿表达，可以先学着半脱稿，就是手上可以拿稿，但是要熟悉稿子的内容，大部分的内容自己抬头看着听众表达，少部分可以看一眼稿子，或者把稿子做成PPT、思维导图，把标题、结构、框架内容放上去，按照主题标准、时长要求进行表达即可。这样做的好处是，我们不会被稿子（全逐字稿）控制，我们可以跟着主题走，还可以加入适当的肢体动作增强表达中的影响力。

当我们多次习惯了半脱稿或脱稿表达时，就会发现这不是一件太难的事情，甚至可以在脱稿表达中找到表达的状态和感觉，能更自如地表达出自己的真情实感，能与全场听众产生更好的连接，实现表达应达到的让听众愿意听、听得懂、记得住、可传播的有效性。

第六节　即兴表达的技巧

即兴表达是一种在职场或生活中都会碰到的场景，例如在分享沙龙、座谈会、行业聚会等，和我们提前准备的公众表达是完全不一样的。即兴表达的意思是在没有准备的情况下，临场因事而发、因景而发或者因情而发的表达。深谙此道之人会有条不紊、对答如流，甚至更能获取现场人的仰视、佩服和好感。而缺少即兴表达技巧的人，则会表现得更加拘谨、语无伦次、颠三倒四、条理混乱。所以我们也经常说，即兴表达是一种技巧，更能展示一个人的能力。

即兴，虽然听上去是临场发挥，实际上和我们平时的积累息息相关，因为此时此刻要用的词汇都来自于我们大脑中的储存，有了才可以取用。所以，我们讲的建库、用库、更新库尤其重要，能解决"书到用时方恨少"的问题。让脑子里有料是长期积累的过程，姐妹们要先行动起来，才能积跬步而至千里，积小流以成江海。

如何让即兴表达也变得有影响力？因为是即兴表达，说明是临时发起的，给我们进行构思、语言组织的时间比较短，我们需要快速在大脑里整理并开口就讲。我想介绍三种方法：

因事而发、因景而发、因情而发，这也是我常用的方法，也因此收获了很多在场人的肯定和信任。先说因事而发，意思是以现场的主题进行快速构思和表达，不偏题是表达者的基本要求，也会让参与者感觉你的融入和专注，分得清此时此刻所处的场景。然后是因景而发，意思是以目前身在的场景进行快速构思和表达，场景中有不同的亮点，多看现场的人，别关注自己，用发现的眼睛去感知场景中的不同，然后进行表达。因情而发，意思是快速与现场共情，用情感分享的方法去与听众建立联结，谈感受、情绪、真情，这是女性天生的优势。

无论用以上哪种方法，一定记住控制分享时长，越是即兴的场合越要注意时间的掌握，要学会留时间给其他人，一般不超过2分钟，除非主持人说分享的时长可以超过2分钟。但我们说过在公众表达场合的对比法则：多就是少，少就是多。与其说了很长时间词不达意，不如少而精，更能体现我们的内在和表达能力。还可以运用我们介绍的三点分享法，此时可以说："我和大家说三点……"这种方法能让表达者思路清晰，表达顺畅，也能让听众听得明白。

有一次，我们云南省女企业家协会在省工商联的组织下去厦门大学继续教育学院学习，在乘车路途中都会组织姐妹们一个一个分享收获与心得，我是这么分享的：

各位姐妹们，大家现在好！很高兴能与各位姐妹相伴到厦大学习。我想分享三点：一是学习。曾国藩曾说过："千秋邈矣独留我，百战归来再读书。"这是曾国藩送给弟弟曾国荃的对联，意思是告诫自己的兄弟在烽火连天的岁月，也不要忘记保持一颗冷静的心去读书，去修身养性。我想，今天在商业领域拼搏，是一场场没有硝烟的战争，无论顺境逆境，我们都要保持一颗学习之心去修炼提升自己。二是认知。一个人最大的困境是认知的困境，一个人挣不到认知以外的钱，贫穷限制了我们的想象，无论是经济的贫穷还是思想的贫穷。如何解决思想的贫穷？"读万卷书，行万里路"，"名师点悟，高人指路"。就像我们本次厦大学习之行，我们走出来去看、去听、去感悟，扩大扩宽我们的认知，寻求更多的机会，让企业活下来、强起来！三是感恩。感恩省工商联给予的学习机会，感恩咱们协会用心的组织，感恩姐妹们学习中的分享，一路同行，不甚愉悦！

300多个字，大约分享了3分钟的时间，姐妹们给予了热烈的掌声，有的姐妹说已经录下来准备进行学习了，有的姐妹说老师分享的就是不一样。更有收获的是，有姐妹已经来报名参加我们下一期的"女性高管公众表达力提升训练营"。我想，大家能看出一个有效的公众表达的影响力了，不但可以获取粉丝，还可以促进业务的发展。虽然我在分享中只字未提关于训练营报名的事情，但是因为有效表达的展示，与听众建立了信任关系，所以自然会形成销售。

即兴表达的场合，切忌两点：一个是一言堂，自己很有表达欲望，讲了很多（废话），自嗨度极高，让其他人心生厌烦，起了反作用；另一个是三言两语结束，听众既没法认识你是谁，也没听清楚你的思想，很明显失去了一次用公众表达获取表达红利的机会。即兴表达是一种艺术，适合的时间、恰当的表达，会成为我们的影响力。

第七节　公众表达中的互动技巧

在公众表达中，我们会看到两种场景，第一种是自己从头到尾讲完的表达者；第二种是会和听众互动的表达者。哪一种更能体现专业度和影响力呢？当然是第二种。互动是有挑战的，也是有风险的，互动到位会给表达加分；互动不到位反而给平稳的表达减分。但我会更加鼓励大家做能互动的表达者，因为这更能体现表达者的自信心和掌控力。互动，可以从思想上互动，也可以从行为上互动。如何互动？有三种方法可供选择：

第一种是提问。 用问问题的方式进行互动，这是常见的互动方式，很多朋友都在用。但是用得如何？用得是否恰到好处？是否引发思考？真正好的问题都有以下几个特点：简洁清晰、与主题相关、与听众相关。问的问题要让大家一听就明白是什么问题，只有听明白了才能达到可以互动的结果。好问题都是提前设计好的，根据要讲的主题和听众对象来进行针对性的设计，提前设计好才能让答案跟随我们的思路进行推进，不至于出现不可控的场面。

而问题可以出现在表达内容的任何部分，提问式开场白、提问引出主体内容、提问式结束语等。比如在训练营授课，我们可用"各位优秀的女企业家、姐妹们，欢迎大家走入训练营，请问，您之前参加过相关公众表达力主题的训练营吗？您希望在训练营有哪些提升和改变？"两个问题，前面的问题用的是封闭式问题，只有"参加过"或"没参加过"的答案；后面的问题是开放式问题，能激起听众的思考，促进对分享内容的记忆和理解。提问式结束语"今天的分享就要结束了,请问姐妹们是否或多或少都有些收获?"答案是有或者没有。"让我们一起来回顾一下,我们学习了哪些主要内容?"开放式提问,促进思考和记忆。当我们参加过训练营后,就会建议大家不要再问"不痛不痒""正确但废话的问题",比如"大家吃饭了吗?吃饱了吗?今天热吗?"这些问题听上去没有错误,但是却没有深度、与主题无关、与听众也无关。时间有限,我们只问好问题!

第二种是游戏。游戏就是表达者带领听众一起做个与主题相关的小游戏,来增加趣味性和记忆性。在公众表达中,游戏是很有效的互动方式。好游戏的几个特点:简单易行、与主题有关、听众愿意参与。简单易行就是操作起来简单、不复杂,不需要太大的人力财力,也不需要花费太长的时间。时间太长的游戏会让学员们疲乏,觉得占用课程时间太多。游戏也需要提前准备和确定,也要根据听众和主题需要进行选择,游戏的设计一定要和主题相关,公众表达中不和主题相关的游戏都是浪费时间。游戏的目的是通过听众的参与和体验促进自身的思考和记忆。比如,十年前我参加了一场关于"生命成长"的培训,当时导师带领我们做了一个小游戏:要求参训学员采用不同的姿势从 A 点走到 B 点。当时全场燃爆了,因为前面走还好,可用的姿势很多,越往后走越难,因为很多姿势大家都用过了,就会逼着大家用一些超出常规的想象去挖掘更多的姿势,所以出现了很多搞怪搞笑更富戏剧性的姿势。这个游戏的目的是让学员们感受人生之路可以有很多种不同的走法,关键是要保持愉悦和欢乐!已经过去了十年的游戏,我依然记得,足以证明好游戏的深远影响力。

第三种是演练。演练就是引领听众在现场一起进行实际操作，这是我在训练营或者去给妇联执委们讲课时一定会运用的方法。训练营讲两天，妇联执委们一上课少则五、六十人，多则两三百人，如果我一直讲，听众早就躺倒一片，因为无趣，听众保持专注的时间是有限的，所以一定要有适当的演练。在训练营讲完一个部分的内容，我就会带着大家站起来演练，自我介绍、做肢体动作、声音训练等。现场演练能现场纠偏，加强听众的参与感，能更好地帮助听众加深印象、养成习惯、促进记忆，会提升分享表达的价值感。

但是，互动中无论是提问、游戏还是演练，在公众表达中都要注意目的性、度的把握、时间的掌控。目的性是指为了达成某种结果而去提问、游戏和演练；度的把握是指要有分寸，达到画龙点睛、锦上添花效果即可；时间的掌控是要做到分清主次，如果通篇都是提问，全程游戏，不间断地演练，就会让听众感觉没有干货只有热闹，没有内涵只有形式。

第八节　公众表达中的幽默技巧

著名剧作家萧伯纳曾说："幽默就是用最轻松的语言，说出最深切的道理，在表面上感到很可笑，如果继续往深层挖掘，便会从心底里会心一笑。"

幽默是沟通的润滑剂，是一门技艺、一种天赋、一种能力、一种面对人生困境的文化。

每次说起幽默，都会让我想起两个片段。一个是采访片段，记者问路人:"你幸福吗?"路人:"我不姓福，我姓林。"另一个片段是来自电影《夏洛特烦恼》中，夏洛与马冬梅家楼下大爷的对话。

我非常佩服这两个片段的设计者，在我们日常生活中也经常拿出来当笑点分享，这也是通过答非所问的形式形成了经典的笑点。

什么是幽默？你喜欢和幽默的人打交道吗？女性公众表达也需要幽默吗？

国学大师林语堂先生曾道:"凡善于幽默的人，其谐趣必愈幽隐；而善于鉴赏幽默的人，其欣赏尤在于内心静默的理会，大有不可与外人道之滋味。与粗鄙的笑话不同，幽默愈幽愈默而愈妙。"

幽默就是你的表达很有趣、很有深意、又耐人寻味。与幽默的人在一起，会令人开心，表达幽默的人，会让人感觉情商高、有内涵、有文化。所以，一般我们都会喜欢和幽默的人相处、交往。女性高管如果在公众表达中有幽默的表现，一定会增强更多的吸引力和影响力。

有的人是自带幽默，要不就是表情看上去很幽默，要不就是说话让人感觉幽默。但更多的人都会觉得自己不幽默，很多人都认为幽默是天生的，学不会的。其实幽默是可以学习的，可以通过专业的方法来让自己的表达有幽默感。

我曾经因为工作环境和对特殊行业客户服务的原因，一度比较严肃刻板，说话索然无味，甚至有朋友曾面对面认真地对我说:"你现在说话交流像在审犯人。"这句话完全出乎我的意料，我一直觉得自己是个略带幽默、也注重幽默的表达者，朋友的话提醒了我。我需要调整、需要提醒自己学习幽默，学会幽默并能保持幽默，从有趣的表达开始。

　　我对自己幽默的要求是从自我介绍开始的。如果是比较正式的场合，我自我介绍的内容是："大家好，我是马琳，昆明贤马企业管理咨询有限公司创始人、总经理；云南省女企业家协会副会长；全国好讲师系列大赛昆明赛区负责人；我在国企待过十年，做职业经理人八年，创立公司十三年，希望通过我三十一年的职业经历沉淀能与各位互通有无，共同成长。"但是如果我在比较非官方化的场合进行自我介绍，内容会变化成："大家好，我是来自云南昆明的马琳，因为飞机票太贵、高铁开得太快，我是骑着大象来的。"我对这种自我介绍的构建起源于十年前我经常在省外出差，曾有不少没来过云南的人问我："你们在云南上班都是骑大象的吗？"所以我想用这种方式增强大家对我的印象，虽然听上去有些夸张，但从结果来看，确实达到了目的，还有一种意想不到的效果就是会破除人们对某一些过往认知中的成见。

　　今年，"我是好讲师系列大赛全国总决赛"在昆明举办，作为昆明赛区的负责人，在组委会的邀请下我在开幕式中做了发言，其中开场的一段我是这么说的："欢迎各位领导、评委、导师和培训界的精英们来到昆明，彩云之南欢迎您！昆明赛区欢迎您！贤马团队欢迎您！昆明有蓝天白云、西伯利亚红嘴鸥，还有褚橙庄园，只是对不起大家的是，昆明因为多次入冬失败，估计大家带来的羽绒服、毛呢大衣要失去作用了……"说到这儿，全场响起了掌声和笑声，结束后有多位老师满怀笑意地对我说："马总，您太幽默了！"有的参赛选手加我微信直接说：“马总，喜欢您！”我知道大家如此说是因为我把"昆明暖冬的舒服"用"昆明因为多次入冬失败，估计大家带来的羽绒服、毛呢大衣要失去作用了"来表达。要表达的意思一样，但换个说法就会增强记忆点和有趣点，关键是增加了幽默感更容易获得听众的好感。

幽默的方法有很多种，但在针对女性高管的公众表达中，我认为掌握以下三种幽默感足矣，那就是自嘲式、对比式、出人意料式。

骄傲如一座不可靠近的冰山，而自嘲则是一座让人更亲近的桥梁。

自嘲式幽默就是拿自己开刀进行嘲讽达到幽默的效果。说起自嘲式幽默，一定要说说贾玲，在贾玲参加的综艺节目里我对下面的场景印象深刻：

在一次发布会上，现场气氛比较冷，记者们看上去也很疲惫，于是贾玲被要求上场活跃一下气氛。结果她上台半天都没人提问，而就在主持人都觉得尴尬的时候，贾玲拿起话筒惊讶地问记者们："你们难道就没有问题啊？我已经不火成这样了吗？就没点绯闻来问问吗？"一下子就带动了现场的气氛，大家都笑起来并鼓掌。她敢于自黑的调侃，瞬间将现场的气氛推向了高潮。

我在"女性高管公众表达力提升训练营"中做准备工作时会讲一个自己的案例：

记得在中学时学了一篇文章叫《守财奴》，当时我被语文老师叫起来进行片段的朗读（那时我可是班级朗读的榜样），这也是老师前一天布置的预习作业，这一段的内容是："那时葛朗台刚刚跨到七十六个年头。两年以来，他更加吝啬了，正如一个人一切年深月久的痴情与癖好一样。根据观察的结果，凡是吝啬鬼，野心家，所有执着一念的人，他们的感情总特别贯注在象征他们痴情的某一件东西上面。"我把吝啬读成了"qīqiáng"，这段文字里出现了两次"吝啬"，当我读第一次的时候全班同学哄堂大笑。我不知道大家为什么笑，继续读。当读到第二遍的时候，同学们笑得更大声。直到班主任纠正我的错误时，我才知道大家在笑什么。我当时就想找个地洞钻进去躲起来，我可是语文课代表是老师得意门生啊。这件事过去了四十多年，我依然记忆犹新，也就是从那个时候开始，我养成了提前读稿、确定正确读音的习惯。

学员们都说："导师也出现过这种难堪的时候啊！导师也曾经犯过错啊！"导师也不是高高在上的，不是生来就具备专业能力的，也是需要通过不断学习总结和改变成长起来的，这个故事，拉近了我和学员们的距离，也让学员们对自己的改变充满了信心。

我们也可以针对自己的痛点来进行自嘲，比如：我的腿很粗，那天我去游泳，才下去一条腿，游泳池里的水就溢出来了。

这种自嘲式幽默其实也体现一个人内心的自信和强大，只有内心自信的人才能把自嘲中的幽默表达出来，只有内心强大的人才敢把自己的缺点暴露。如果是没有自信的自嘲会变成一个人的自损，不会获得好感反而会让人心生博取同情的怀疑。有自信的自嘲式幽默表达能在短时间之内给人留下极其深刻的印象，能获得听众好感，能把自己的某个缺点变成卖点。

所以说自嘲是一种更高级的幽默，不但显示表达者的语言技巧，更能展示一个人的大度和自信。

对比式幽默是指用两方或多方的比较构成的幽默，比如以下的句子：

这玩意儿别头上就是头花，别领子上就是领花，别腰上就是腰花。

人生没有如果，只有后果和结果。

是金子总会发光，是镜子总会反光。

绝望的那一刻，往往是希望的开始；危机的尽头，往往就是转机的来临；山穷水尽的地方，往往就有柳暗花明。人在困境中应学会：至少再等三天！

1991年11月，李雪健因主演《焦裕禄》同时获得"金鸡奖"和"百花奖"两个大奖，他在致答谢词时没有用别人常说的套话，只是诚挚地说："苦和累都让一个大好人焦裕禄受了，名和利都让一个傻小子李雪健得了。"他的话刚停，全场掌声雷动，他的演讲不仅让人"开胃"开心，而且让人了解了他的人格，对他生出了几分敬佩。

对比式幽默表达方式能让听众立即产生强烈的对比感，能马上记住表达者要表达的内容，并让人感受到丰富的内在。

出人意料式幽默就是听上去按照常理应该出现的话语，反转成了另外一种意外的内容而产生的幽默效果。著名古希腊哲学家亚里士多德说："幽默的秘诀是出人意料。"

比如下面的语句：

假如生活欺骗了你，不要焦急，拿出美颜相机，去欺骗生活。

毁掉一首好歌最好的方法，就是把它设为起床闹铃。

我特别积极地参加公司组织的活动，工作这么多年，公司聚餐我一次都没落下过。

听说睡觉手机放枕头旁边会有辐射，吓得我赶紧起来把枕头扔了。

从哪儿跌倒就在哪儿爬起来。但你还是从哪里跌倒就躺那儿吧，说不定你起来了还会跌倒。

而在这种出人意料的背后能体现出深层次的含义，没有说明，但是听众会懂，会会心一笑，甚至欢呼雀跃，因为共鸣在心间，惊喜也在心间。幽默是可以学习的，我们可以从尝试着翻讲别人的内容开始，有意识地去讲一句幽默的话，讲一段幽默的内容，讲一个幽默的故事。边讲边思考这么讲听众会有什么反应，在实际练习中，有了幽默的感觉，慢慢就会有幽默表达的习惯。

所以，无论是哪一种幽默的方式，都是可以通过刻意练习达到的。只要我们有了表达幽默的意识，并在不断地收集整理和运用中有了幽默的感觉，最终自己也会拥有自创幽默的能力。要相信，在公众表达中，幽默的表达方式非常容易获得听众的好感，也能让听众感受到表达者的深度、内涵和豁达。

最后，需要所有女性高管公众表达者记住的是，幽默不是肤浅的搞笑，幽默往往体现了一个人的内涵和素养。不是为了幽默而幽默，幽默是为了增加表达中的轻松感、愉悦感，是为了提高听众对我们表达的接受度和认可度。女性高管在幽默时也需要有个度的把握，幽默过度，就会给人以故意幽默的感觉起到反作用。

教培行业的变化是今年市场中最浓墨的一笔,曾经的红红火火、一片繁荣陷入了关门退市的结局,新东方的东方甄选出现在抖音、视频号等各直播平台,曾经那些在讲台上侃侃而谈教授英语的老师们摇身一变成了带货主播,在直播时没有套路、没有声嘶力竭的呐喊,他们更多地讲自己的心声,他们只是把产品拿在手上、放在面前,但却没有把产品作为唯一推出的东西,而是在分享自己的思想、经历、情感,从诗词歌赋到人生哲学。我们知道这是这群专业的英语老师们在自救、在转型,直播开始在观看者中传播、传播、再传播,越来越多的人看到并记住了他们。他们在用真情打动听众、顾客,他们没有硬推,只有文化,他们没有技巧,只有真情。因此,"东方甄选"大火。

第九节　PPT 使用的技巧

在高管训练营,有很多学员来问我是不是每次公众表达都需要做 PPT？我的回答是"不一定"。一般建议五分钟以内的分享不需要做 PPT,超过五分钟以上的再做,原因是时间太短的表达中 PPT 辅助作用不明显,反而有画蛇添足的感觉。PPT 在公众表达中只是辅助作用,重点还是在表达的实力上。PPT 的辅助作用包括以文字、图形、色彩、动画、视频等方式,将要表达的内容精炼出来并直观、形象地展示给听众,让听众对你表达的内容印象深刻,可以吸引注意力、引导理解度、增强体验感,但要注意做到简洁、清晰、视觉化。在过去我所看到的女性高管在表达中运用 PPT 时最容易出现的问题是：

文字太多。把想说的话几乎都写在了 PPT 上，表达时几乎是一字不落地照着读一遍。我们经常说，如果表达时你只是照着念一遍，不如打印出来发给每位听众，有可能还可以节约所有人的时间。

风格太乱。就是使用了多种不同风格的 PPT，一般风格会分为：商务风、简约风、中国风、科技风、极简风等。我们在使用时只能选择最适合主题呈现的一种风格，而不要交叉使用。

颜色太杂。我们经常也会看到五颜六色的 PPT 出现，一般给人花哨、俗气、不专业的感觉，和自己所要表达的主题不搭配。

我们并不希望女性高管在公众表达准备时花费过多的时间在 PPT 的制作上，因为这件事可以请专业人士代劳，在很多办公软件平台上也有很多现成的可以用。重要的还是内容为王，要把表达的内容精心地进行准备才是重中之重。

我们自己做 PPT，可以遵循如下原则：风格统一、逻辑清晰、简洁明了、颜色不超过三种、能用图就不用表、能用表就不用字。逻辑清晰是按照我们表达的思路确定前后顺序。简洁明了是通过高度提炼后的大标题、一级标题、关键内容、金句或者重要图片进行演示，更多的内容（包括案例、故事、过程等）都装在大脑里。这种演示还有一个作用是对表达者有所提醒，对于表达时间长、全程脱稿的表达者来说是种福音。如果大家看过罗振宇、乔布斯、雷军等人的公众表达，一定会想起那些出现在 PPT 上的金句。比如在雷军的"2022 年度演讲"

中出现的金句：永远相信美好的事情即将发生；技术为本、性价比为纲，做最酷的产品；你所经历的所有挫折、失败，甚至那些看似毫无意义消磨时间的事情，都将成为你最宝贵的财富。我们会发现，这些出现在 PPT 上的内容是传播最快的，因为简短精练、容易记忆。

第七章

女性在公众表达中的内驱力

在公众表达中，那些有影响力的人，基本上学习力很强，内驱力也很强。什么是内驱力？就是会点燃自己热情的人，会激励自己上进的人，能激发自己动力的人。为了让自己在公众表达中更能体现逻辑性、生动性，体现有干货有品质的内容，让听众确实有收获有感悟，她们会从认知上、行动上主动突破固有，勇敢尝试，选择取舍，蜕变成长。

第一节　女性在公众表达中的认知力

一个人最大的困境来自于认知的困境！

一个人挣不到认知以外的钱！

贫穷限制了我们的想象！

扩大认知才能扩大可能性！

著名投资人傅盛提出一种说法，人有四种认知境界：不知道自己不知道、知道自己不知道、知道自己知道、不知道自己知道，而95%的人都处在第一层"不知道自己不知道"。

什么是认知？认知是指人们获得知识或应用知识的过程，或信息加工的过程，这是人的最基本的心理过程。它包括感觉、直觉、记忆、思维、想象和语言等。人脑接受外界输入的信息，经过头脑的加工处理，转换成内在的心理活动，进而支配人的行为，这个过程就是信息加工的过程，也就是认知过程。

不同的认知，将会产生不同的行为，不同的行为将会产生不同的结果。

要想获得更多的成就和幸福，我们必须不遗余力地去扩大认知！如何扩大？我建议以下四种方法：

一、保持好奇心

无关年纪，我们需要保持好奇心，对新鲜事物保持探索和学习的热情。没听说过，那就专门去打听一下；没做过，那就专门去亲自做做。

古希腊哲学家芝诺的学生曾经问他："老师，你学识渊博，知道的事情那么多，为什么还经常怀疑自己的答案呢？"芝诺回答："人的知识就像一个圆，圆圈外是未知的，圆圈内是已知的，你知道的越多，你的圆圈就会越大，圆的周长也就越大，于是，你与未知接触的空间也就越多。因此，虽然我知道的比你们多，但不知道的东西也比你们多。"

好奇心是打开学习之门的有效推力，保持好奇心就会放下过往固化的存在而愿意去探索更新更适合时代发展的思想和方法，也会让我们接收更多的信息和资讯。这在公众表达中极其重要，正因为有了好奇心，才让我们能打破常规而精于沉淀，在表达中所呈现的思想才会让人眼前一亮、焕然一新，才会更具有深远的影响力。

好奇心也会让我们打开格局。当我们学得越多，知道得越多时，越能理解及包容人和事，在公众表达中会展示出一种格局，而不是让人感觉思想的极端和狭隘。这种格局会在表达的字里行间、言行举止里被听众感受到。而这种格局的养成与好奇心不无关系。

二、读万卷书，行万里路

当我们读过很多书、走过很多路、看过很多风景后，会对人、对事有更多的理解和包容。不再会把自己的标准当作衡量别人的唯一标准,反而越能看见自己的无知。而缺少认知的人经常一知半解,就觉得天下无敌。

关于读万卷书,杨绛先生说过:"你的问题在于书读得太少,而想得太多。"一本好书,有作者专业的研究、思想的提炼、三观的表现。我们可以通过一本好书,去感知他人,照见自己。当你心情不好时,去静静地读一本书,一定能平抚你的内心,燃起新的希望;当你心情好时,去静静地读一本书,一定能带来新的喜悦,激起新的追求。在好书的世界里,丰富了我们的内在,滋养了我们的精神。

在好书里,有很多来自作者的金句可以为我们所用,比如,我非常喜欢的一本书《善战者说》。作者宫玉振教授在军事科学院从事了10年的战略与兵法研究,在北京大学从事了16年的战略与领导力教学,具有军事学与管理学的双重背景。而这本书是他在26年研读《孙子兵法》的基础上,从学会"战略性思考"这一主题入手,系统阐述了《孙子兵法》之于管理和经营的启发和应用,协助管理者也成为一个"善战者"。可能因为我的父亲是转业军人,受父亲影响,我对军事有着浓厚的兴趣,所以对本书也是爱不释手。书中被我用彩笔画上了太多的记号,其中很多好段好句值得入库留存,比如:

战略是实力的放大器,它可以放大你取胜的概率。如果剑不如人,剑法就要胜于人。

最完美的战略,就是那种不必经过激烈的战斗也能达到目的战略——所谓的不战而屈人之兵,善之善者也。

西方人是强调实力的强者思维,中国人是强调智慧的智者思维。

软弱和犹豫,有时候是决策者所能犯的最坏的错误。

孙子提出竞争的四个层面:上兵伐谋,其次伐交,其次伐兵,其下攻城。

竞争的一条法则是:不要在你对手具有优势的领域、以他具有优势的打法跟他对抗。你要坚持自己的节奏和对自己有利的打法,坚持你打你的、我打我的。千万不要轻易因为对方的行动而乱了章法,更不要轻易随对手起舞。

一个企业,即使拥有巨大的品牌优势,有深厚的技术积累,如果不能以短促的节奏、迅疾的速度占领市场的话,再好的形势也无法利用。

这些好句好段,不但可以促进我们在各自专业领域的思考,还能为我们在公众表达中所用,增强表达的内涵。

关于行万里路。记得在女儿中考的那一年,刚开学三月份的一天,女儿放学回来说她所在的学校要和其他两所学校一起联合组织"艺术交流联谊活动",活动地是台湾,问我要不要报名参加,同时给了我一份书面的活动介绍,我看完后说:"参加。"女儿去报了名,三天后女儿放学回家和我说:"妈妈,我们副校长让您确定一下我是否真的要去参加交流活动,我们初三年级只有我一个报名的,其他的家长都说孩子中考分数是什么样的都不知道,万一没考好去干什么啊。"因为去台湾要办理相应手续,报名时间只能在3月份,考完试知道分数再报已经没有了机会。当时我的内心在想:"我女儿学习不属于分数最高的学生,只能是中等偏上,既然学习上不能拔尖,是不是多出去开开眼界长长见识会更好呢?更何况这是文化交流活动啊!"接下来学校为本次活动开始做充分的准备,请专业老师来教学生们学习具有云南民族特色的傣族孔雀舞、葫芦丝、彝族舞。我家里还放着当年为了本次活动给女儿买的花月琴和彝族百褶长裙,如今成了最有回忆感的收藏品。

中考结束后女儿的台湾行顺利启程,一周后她高兴地回了家,见到我就说:"妈妈,谢谢你让我去台湾参加联谊活动!"我说:"说说理由!"女儿说了三点:"与香港、台湾、甘肃等地的同龄人在一起交流,交了很多同龄朋友;身穿云南最具特色的民族服饰表演节目,受到了参会嘉宾的赞美和喜欢,心生自豪;发现原来各地的文化都有自己的特色。"听着女儿兴高采烈地分享着,我想,这一次行万里路非常值得!这是用分数无法取代的一种成长,这是无法用经济来衡量的富养。而在女儿的认知里,多了些许潜移默化的文化沉淀,这一定也会影响她的内在。所以,无论是过去、还是现在,无论对于我自己,还是对女儿,我从不吝惜的就是在行万里路上的花费,多少都值得!

每个人的气质里藏着我们读过的书、走过的路、遇过的人。我非常认同这句话,这些经历都会经过岁月的沉淀浸入我们的血液里、骨髓里、灵魂里,也许无法用量化的方式进行衡量,但能清晰地看得见并感受到。

三、勤于思考

都说女人感性,大多数时候都是以情感解决问题,缺少理性的思考。不得不承认,因为性别的原因,女性确实或多或少会有这样的倾向。在公众表达中,我特别喜欢一句话:想清楚,讲明白。这句话是因果关系,只有想清楚了,才能讲得明白。我们需要在大脑里把自己要表达的目的、构架、方式想清楚了，做好准备了，才有可能讲得明白。理性思考，感性表达才是女性可以内外兼修的表现。所以我们需要养成凡事先思考的习惯，培养思考的能力。

思考是万力之源，行动是万力之本，表达是万力之魂。思考是产生一切的根源，万事都是起源于思考，有了思考才会引发有序的行动。我们思考的格局、境界和层次，决定了我们的表达和行动，所以任何事情思考是第一步，精神力量驱动着我们的肉体。不要小看思考，其实思考就是我们精神能量的一种传递。我们怎么样说话，怎么样表达，怎么样去行动，都是由思想决定的。

行动又是万力之本，光有思考没有行动是空想，没有思考就先行动是消耗。表达是万力之魂，只有将思考和行动表达出来，才能让解决问题变得有意义，才能使问题被了解，表达赋予了思考和行动存在的灵魂。

保持好奇心，读万卷书、行万里路，勤于思考，能让我们更大限度地扩大认知，走出舒适圈，充实内在，丰富思想；能让我们在认知的世界里，从"不知道自己不知道"走向"知道自己不知道"，即从自满无知到有了努力的方向；从"知道自己知道"走向"不知道自己知道"，即从某领域的专业到海纳百川、虚怀若谷、不耻下问。

四、持续学习

俗话说："活到老、学到老。"但今天我想说的是："只有学到老，才能活到老。"我的父亲近 80 岁，有一段时间，我发现老父亲出门的次数越来越少,有时看他就是坐在沙发上打瞌睡,毫无生趣地度过每一天。而之前的父亲不是这样的,每天都要出门走几公里。为什么会这样呢?有一天我终于听到了父亲说:"现在出门太不容易了,乘坐地铁、公交都用手机支付,就是去农贸市场买个菜也要扫码支付,我不会用,太多太复杂了,我还是不出门好啊。"听完父亲的话,我很内疚,因为我们作为子女没有关注到老人家真正的困难。从那时起,我们家的孩子就多了一个任务,每个人轮流回家教老人们使用智能手机。有一天,我回家看望爸爸妈妈,刚进门老爸就满脸喜悦地告诉我说,他已经自己在音乐APP下载了很多老歌曲,遇到特别喜欢的歌曲还学会了点收藏。

这件事也给我带来了思考。有一天,我们也会老去,也会到80岁,那时候也许到了元宇宙时代。我们也能适应时代的发展吗?我们也会因为不能与时俱进而被边缘化吗?所以,一个人,只有学到老,才能活到老啊!不然,只能没有质量地被边缘化,只是活着而已。对于公众表达者来说,只有让自己成为终身学习者,才能保持与时代相符和的内容和思想。

第二节　完成比完美更重要

不知道大家有没有过下决定开始运动的经历?例如去打羽毛球,在想要做这件事情的时候很激动,开始购买装备,羽毛球拍、羽毛球、运动衣要买品牌的,鞋子一定要买大牌的,等装备备齐到今天,还没去打过一场球?为什么呢?因为我们觉得准备还不完美,我们觉得要选一个合适的时间、找一群更合适的人，还要让自己处于最佳状态的时候才可以开始。其实，我们在内心对完美的追求超过了实际行动的意义。所以，我们经常会说：从"想到"到"做到"相隔了十万八千里。

进入企业管理培训行业已经20年了，为不低于十万人次学员提供过专业化培训，从培训后的调研信息来看，训后的学员分为两种：一种是培训的结束就是改变的开始，把培训中学到的知识、技巧在工作或生活中进行实践，不断地思考、改进和提升；另一种是培训的结束就结束了，只是把培训作为工作或生活中的一个过程，培训时候很激动，培训过后一动不动。作为机构的负责人，我们和客户方讨论过多次，刚开始客户方会把责任都推到培训机构的身上，认为培训的跟踪服务做得不好，机构没有在训后去督促学员改进，而现在客户方已经能正确地看到学员训后改进的真正推进者应该是学员自己，而很多时候阻碍了改进的原因主要是意识和拖延症。真正的改变只需打破一个认知，告诉自己：不完美，才是人生的常态。

我们在训练营也经常和女企业家、高管们强调训后的实践运用、自我改进。大家都是成年人，都是职场中的精英，对自我的成长一定是有自律性的，关键是对改变的期待不能一步到位。但凡有想一步就能做到完美的人基本都无法开始，因为任何人的改变都是一步一步、一点一滴来的，拔苗助长或走捷径往往是最大的弯路。很多时候我们发现学员在走第一步的时候特别艰难，经常说的一句话是："等我做好充足的准备，等我做好完美的准备。"什么叫充足？什么叫完美？当我们不迈出第一步去实践的时候，怎么知道是不是充足？是不是完美？而如今变化莫测的时代，当你沿着之前的想法去准备的时候，环境已经发生了巨大的变化；当你说准备好的时候，机会已经瞬间滑过。而那些出了训练营就开始去实践的学员是最有收获的，她们会在实践中不断地发现问题，不断地反思、改进和总结，然后进行针对性的刻意练习，这样才能离完美更近一步。完成比完美更重要。

我们机构是"我是好讲师"系列大赛昆明赛区的承办方，全国大赛到今年已经十年，而昆明赛区已经第六年参与，我们已经带领 30 多位昆明的好讲师参加了全国大赛并取得优异的成绩。每年开始报名参加海选的人数会比实际参加全国大赛的人数多五倍左右。为什么只有极少数人能参加全国大赛呢？我做了信息收集和分析，不是因为他们的能力不足，也不是因为交不起参赛费，最主要的原因就是觉得自己还没有做好完美的准备。这种对完美的追求和期待会让选手们延误甚至错失一年又一年通过竞技来实现蜕变的机会。而那些已经开始行动的选手，因为进入全国总决赛的经历帮助他们实现了改变、提升和蜕变。所以，我在每年赛区的启动会上都会分享一句话：跌跌撞撞的完成总好过半途而废的完美！人生没有完美的时候，更何况是一场赛事呢？很多时候我们往往因为对完美的追求错失了迈出第一步的勇气，只能在自己的想象中去不断地拖延和不断地失去机会。

第三节　持续练习的技巧

有些事如果值得做，那么现在就去做。如果大家觉得公众表达的提升是件有价值的事情，现在就应该开始练习。

刻意练习法。我们经常听说练习要多，要多练习。什么叫多呢？一百小时？一万小时？我更认同刻意练习，刻意练习指的是针对自己的不足、弱项花更多的时间去改进、去完善，只要能练习到位，也许三五小时足矣。在刻意练习中，要有这一次比上一次更好、下一次比这一次更好的效果。这就需要我们不断地去打破舒适圈，努力跳出舒适圈，从过去的习惯中找到更好的改善路径。没有最好，只有更好。

录像练习法。不知道大家有没有过不敢看自己讲课录像的经历？记得在 2007 年，我去深圳参加 PTT 国际职业培训师培训。第一天课程结束助教老师把当天试讲练习的录像发给我们，让我们自己用导师教授的方法进行总结和改进。当打开录像时，我被惊吓到了，这完全不是我啊！我想象中的我应该是自然的、有亲和力的、得体的，但录像中的我是拘谨的、激动的、声音很炸的，完全看不下去了。为什么会这样呢？我想了很久，终于明白了，我们内心有一个期待的自己，而实际的自己和期待的自己是有距离的。这个距离就是我们努力的方向。我们需要让自己真正成为期待中的自己。我开始自己录像，每一次的练习都录下来反复看，从眼神、笑容、手势、站姿、走动等寻找加强和改进的点。经过约 20 次以后，我开始敢看愿看自己讲课的视频了。当自己可以接受视频中的自己时说明距离越来越小，成长越来越大。

实战练习法。一直非常喜欢华为任正非先生的名言：一定要在战争中学会战争，一定要在游泳中学会游泳。最好的验证自己学习成果的方式就是在实战中运用、检验，去不断发现问题和解决问题。公众表达也是如此。当我们学习了一些知识和技巧的时候，还不算掌握的开始，真正能让自己改变的是在实际的场景中去验证，去踊跃参加各种主题分享，去勇敢面对不同的对象进行内容的构建和讲述，在有即兴发言机会的时候勇敢发声，去复盘每一次分享中的细节。"想"是空的，只有"做"才是实的。做好现场的实景录像或者录音，看一看现场的状态、肢体动作，听一听声音传递的效果。这就是在战争中学会战争，在游泳中学会游泳，没做过的事情我们会失去发言权，更没有蜕变成长的可能。

微信练习法。互联网时代智能手机的运用可谓到了淋漓尽致的地步，工作、生活，只有想不到，没有做不到的事情了。对于公众表达练习者来说，开口说很重要，用微信语音进行练习是操作极其简单又容易持续达成的一种练习法。我就是微信练习法的受益者。我经常用微信语音练习，发到文件传输助手，非常方便。因为不太受时间、空间的限制，可以特意安排时间，也可以利用碎片化时间。一条微信语音是 60 秒，我们可以自己进行练习，既能看到时间的控制，也能听到声音，还可以语音直接转文字，连逐字稿都一起完成了。还有一个好处是，便于日后查找，直接在"查找聊天记录"里输入关键字，就可以快速找到之前练习的内容。当然，还可以收藏保存，收藏时记得添加标签以便于日后的查找。

可以根据不同的时间不同的场景应用以上四种练习方法。无论使用哪种方法，记住，只有保持持续性练习才能实现提升和蜕变。持续性是巩固知识和技能的保障；相反，间歇式就经常会半途而废。持续提升一种能力并持续坚持成为一种习惯时，这才算属于我们自己拥有的能力。

第四节　女性高管在公众表达中的断舍离

断舍离是一种智慧。无能为力的事，当断；生命中无缘的人，当舍；心中烦郁执念，当离。公众表达中智慧在于逐渐澄清滤除那些不重要的杂质，而保留最重要的部分。影响公众表达品质的当断舍离。前面章节已经做了很多描述，作为女性有时候话多，在家庭中被伴侣、孩子嫌弃，在职场中带领团队、面对客户会被远离。女性是细心的、耐心的、给予的，我们总希望把心窝子掏完，把爱用尽，但我们往往忽略了这些付出是否只是一厢情愿，是否是对方接受的，是否会因为多而成了对方的负担和累赘。我们总说过犹不及，生活中和职场中的矛盾是否很多产生于我们过多的关注和唠叨。

一场有价值的、能惊艳听众的公众表达应该是有主旨思想的，有落地方法的，有情感升华的，也是恰到好处的。所以需要我们学会精炼聚焦、有理有据、生动有趣，公众表达中的断舍离如何才能做到呢？

断，断掉让所有人满意的念想，你会轻松。因为让所有人满意本身就是一种伪命题，让所有人都满意会让我们失去勇气、失去独特性。当我们想让一次公众表达获得所有人的满意时，有可能会让你不敢上台。你会归结于你没有能力、没有胆量、没有做好准备。其实不然，你是被内心深处"想获得所有人肯定"的想法阻碍了，欲言又止，望而却步，不敢向前。当一次机会被自己主动放弃之后，你会习惯性总结成：自己是个不能站到公众面前表达的人，你会说，你只能在台下侃大山、吹小牛，站不到台面上。而这种总结，会让我们作为女性高管，失去了最佳传播的机会，失去了树立影响力的机会。

舍，舍掉和当次分享主题无关的内容，你会轻松。说得少了，你更容易记忆了，听众也更容易记住了；要求少说，就会选择更有价值更重要的内容去说，反而让我们的表达显得稀缺甚至金贵，让人难忘而又保持期待。懂得舍掉那些与当次主题无关的内容，会让表达内容干净利落、清晰明了，给听众的启发到位。

离，远离负面影响我们状态的事和人，你会轻松。在公众表达时，最好的准备是保持当下的稳定，放下牵挂在心的人和事，专注于当下的场域，融为一体、合二为一。你会从心底感受到一股力量在支持、激励着自己，去传播思想、传承精神、传递经验，以尽当下之所能去付出、去影响，点燃自己，照亮听众。

轻松是公众表达中极好的状态，可以让我们心有所思，口有所讲；可以让我们接受不完美和不一样的声音；可以让我们放下讨好，回归真实；可以让我们真情实感、坦荡大气。要想轻松，一定要学会断舍离。

第八章

女性在公众表达中的影响力

公众表达力就是一种影响力，而要在公众表达中具有影响力，就要同时具有吸引力、说服力、感染力、故事力、生动力和内驱力。在我们的身边，已经有了很多用公众表达来传播影响力的优秀女性，她们用实际行动为我们树立了最好的学习典范。

案例一：褚橙庄园董事长马静芬

2022年中秋佳节，受云南褚马圆商道文化传播有限公司马老的邀请我参加了"2022褚橙庄园·褚马奶奶中秋品鉴会"。来自全国各地的近百位嘉宾齐聚一堂，共同见证了这一年一度的"知味盛宴"。品鉴会以"褚橙庄园·褚马奶奶因你精彩"为主题，向嘉宾展示了中秋月饼、云腿小饼、鲜花饼、黄油桃酥、牛奶爆浆玉米等。最令人惊叹的是已90岁高龄的马老为大家表演了交谊舞，分享了人生的经历，还在现场直播连线今年刚创立的农庄基地，在直播间介绍了"不仅可以煮熟吃，生的更好吃"的新品牛奶爆浆玉米。马老说："我们公司做月饼到现在已经第七个年头了，其实你最后做的不仅是产品，更是它代表的寓意。今年的月饼做了四个口味，分别代表春夏秋冬，季节伴随着我们的成长，我们也赋予了每个季节不同的情感"。

从2017年我们公司和褚橙庄园建立了战略合作关系以来，每一次褚橙的活动都是马老亲自作为发言人来进行不同主题的分享。老人家经常说："磨难就是财富。癌症，2005年做的手术，这些我都对付过来了；自然困难、我文化低的困难，我也对付过来了。我们现在已经走出了一条路。小时候没有好好念书，所以现在也还在不断补课。不要总想着大起大落，最简单的东西里也可以找到磨炼，你必须充满坚持和耐心。"2017年9月，当马老第二次见到董明珠时，董明珠有了退休的想法，马老说："不能退，不能退。我要一直做到闭眼走的那一天。你在工业上发明创造，我在农业上搞新品种，能够把产品卖到全国、全世界去。"当马老频繁出现在农业、白酒、食品等领域推荐产品、发表演说时，她明确的目标、清晰的思路和直面困境时的坦荡，以及接地气的幽默总是引起现场的欢笑声和鼓掌声，总是让人敬佩不已，大家总是排着长长的队等待与老人家合影留念，期待汲取老人家身上的精神给自己带来创业和面对困境时的勇气和激励。

从1955年到2019年，马老与褚老一同生活了64年，相伴人生起落，相守岁月回甘。最让我难忘的是在2019年3月褚老病逝，在送别褚老的追思会上，马老没有像普通人一样号啕大哭，没有表现出软弱无力、众人搀扶的样子，而是步履稳健、神态自若、双手合十地去感谢每一位自发到场送别的人。在对褚老告别的致辞中说："最后，我想对褚时健说一句话，如果有下辈子，我还会嫁给你。"当时在现场的我，为马老的这番话动容，瞬间泪流不止。我知道，作为一个女人，这是一种最真切的怀念，这是一种最忠诚的爱意，这是最令人敬佩的承诺。

马老的每一次发声，都赋予了周围的人极强的能量。马老自己亲自引领了学到老、活到老、干到老的精神。马老是褚橙最好的代言人，马老是褚马精神最强的代表人，马老也是这个时代女性学习的最佳榜样。正如她经常说的祝福语："祝愿大家健康、平安、吉祥地活到100岁不封顶，还能撸起袖子加油干！"

罗曼·罗兰在《米开朗琪罗传》中说:"世界上只有一种英雄主义,那是在认清了生活的真相后,依然热爱生活。"从这个角度理解,马老就是生活中绝对的强者和英雄。为马老点赞、鼓掌,也让我们一起向马老学习,身体力行为自己发声,为企业代言,为社会注入更多正能量!

案例二:云南省女企业家协会会长郑南南

当到了一定的年纪,对人际关系、环境氛围只会做更多的减法了,因为更要把有限的时间和精力放在有价值的人和事情上。我也一样,在2019年选择加入了云南省女企业家协会,加入的原因是在一次会议上听到协会会长郑南南的分享,记得当时她说:"女性就要清楚自己想要什么,想清楚想要什么了,就不要轻易放弃,要想办法解决面对的困难。因为无论你选择做什么样的事情都会面对困难,都不可能一帆风顺,关键是看你有没有决心去坚持、走下去,能不能在黑暗中看到一丝曙光,能不能让自己全力去渡过难关,能渡过你就可以有更多的机会。"南南会长当时说这番话时满脸微笑、热情洋溢,在她独有的言语里充满了自信、激励,现场响起自发的掌声、欢呼声来回应。我知道,大家都被南南会长的发言激励了,我也因此主动加入了云南省女企业家协会,也由会员成了后来的常务理事再到今天的副会长。我认识了很多在各行业领域优秀的女企业家姐妹们,大家相聚畅谈,抱团取暖,相互赋能,都在尽力为协会做出力所能及的付出和贡献。这都是基于南南会长的影响力,跟着这样一位有远见、有魄力、有思想的会长,我会永远走在学习的路上!在协会各种会议上,但凡南南会长在场，基本都要请她发言。只要会长开口，台下不管是上亿资产的女老板还是某个行业的女精英，一律会安静下来听她分享。因为会长深厚的历史沉淀、精彩的言语表达，从苏东坡到刘禹锡，从呼伦贝尔到耶路撒冷，总是能博古论今、通俗易懂、深入浅出地引起女企业家们专注的倾听。

南南会长退休前是一家国企的董事长、党委书记。现在她的每一次公众表达，都能让我们感受到她的管理功底和人生沉淀，感受到她做事的高效和做人的豁达，吸引了很多像我一样的跟随者。这就是公众表达的影响力！

案例三：昆明市女企业家协会会长姜亚碧

说起女性的雅致，就会让我想起昆明市女企业家协会会长姜亚碧，姜会长也是云南玺尊龙酒店管理集团有限公司、云南爱贝教育投资有限公司董事长，扎根云南婚庆行业的十大风云人物，优秀的民办教育家，是杰出的创业女性，更是热衷于公益事业的最美志愿者。

2017年我加入昆明市女企业家协会，在姜会长的带领下参与了协会的一些工作，每一次在市妇联和市女企业家协会的会议、活动中姜会长都会作为领导、领头羊来致辞发言。而她的每一次出场都会成为全场女性中优雅的典范。头发一丝不苟、妆容精致、着装得体，一举一动都显示着职场中女性领导的优雅、稳重。特别是独特的手拿话筒的姿势——右手持话筒、左手呈托起状，对我这个专门研究女性公众表达力的人来说印象深刻。姜会长的着装用红色传递了热情和振奋；用蓝色传递了沉静和深远；用紫色传递了高贵和柔美；用黑色传递了庄重和沉稳；用白色传递了纯洁和素净。她每一套职场着装几乎都精心搭配一枚精美的胸针，每一次西服套装的内搭都极其精致，让人感受到高级感。

说到高级感，有人说有钱就可以高级。高级感不是靠钱堆积的，高级感不是富豪感，而更多的是内在的沉淀和外在的得体。姜会长的特质表现在三个方面：智慧、气质、衣品。智慧体现在思想、精神、情商；气质体现在自信、包容、善良；衣品体现在简约、高级、大气。姜会长是我们女性领导者在公众场合着装高级感的典范。

莎士比亚曾说，衣裳常常显示人品。如果沉默不语，我们的衣裳和体态会泄露我们过去的经历。这两句话足以说明在任何场合着装的重要性，这是我们对外展示的一种无声的语言，强劲有力。

案例四：《向前一步》作者谢丽尔·桑德伯格

谢丽尔·桑德伯格作为全球最成功的女性之一，2013年出版了一本书《向前一步》。书中深刻剖析了男女不平等的根本原因，解开了女性成功的密码！她认为，女性之所以没有勇气跻身领导层，不敢放开脚步追求自己的梦想，更多的是出于内在的恐惧与不自信。她在书中鼓励所有女性，要大胆地"往桌前坐"，主动参与对话与讨论，说出自己的想法，并激励女性勇于接受挑战，满怀热情地追求自己的人生目标。她在书中提出女性的成功密码是：向前一步，勇敢进取；平衡工作与生活；拥有更加开放的心态。

Lean In KM 于 2016 年 4 月在昆明成立，这是一个关注女性自我发展的非营利性公益组织，也是谢丽尔·桑德伯格发起的全球女性组织 Lean In Organization 的其中一个城市 Circle。受谢丽尔·桑德伯格《向前一步》一书的启发，和对"Lean In"理念的认同，我有幸在 2018 年 6 月受当地城市发起人于超、素素女士的邀请参加了 Lean In KM"两周年庆——勇敢蜕变、破茧成蝶"活动并作为嘉宾进行了圆桌对话分享，话题是"女性如何面对自己人生中的难题"。因为每一位女性在"向前一步"改变自己的路上，遇到的美好和挫折并存。美好总是稀缺的，而女性面对挫折遭遇极其漫长且痛苦的过程时，她们具有的心态和解决问题的方法总是大家更关心的话题。一些人因为犹豫畏缩、无法忍受和面对让自己庸碌如常；一些人勇于直面挑战、咬牙坚持并选择完美蜕变。当真正要做改变人生的选择时，我们只看到眼前的苟且，还是可以看到未来的星辰大海？我们是否有勇气并决心去开启脚踏实地的行动并保持赤子般的坚守？嘉宾们从家庭关系、职场团队、创业奋斗等不同角度进行了分享，让大家在各种要面对的人生路途中又多了一份向前一步、成就自我的勇气和动力。倾听别人的故事，激励自己的成长，这就是公众表达的力量！

2016 年，谢丽尔·桑德伯格在 TED 的演讲引发了全球职场女性的热议，可以说非常成功。但其实在她准备 TED 演讲时用的都是"堆积如山的事实和数据，没有一点私人故事"。一个朋友强烈建议她讲讲自己作为一个在职母亲所遇到的挑战，讲讲生活中发生在自己身边的事情和感受。桑德伯格接受了这个建议，调整了自己的演讲内容，加入了自己的亲身经历和感受，结果反响极好。她当时分享的主题是"为什么女性领导那么少？"，她说："在世界各地，女性很少达到任何职业的高管职位。这些数据很清楚地告诉我们这实情。在全球各个国家元首里，九位是女性领导。在世界上议会的总人数中，13%是女性议员。在公司部门，女性占据高位 C 级职位、董事会席位高管职位比例分别为 15%、16%。自从 2002 年起这数据没变化过，没有下降趋势。女性在职业成功和个人价值实现中面临艰难选择。"她在演讲中为职场女性提供了三条建议：像男性一样坐到谈判桌旁，争取自己能够胜任的职位和应得的薪水；与伴侣有效沟通，共同分担家务和养育孩子的责任；在得到自己想要的职位前"不要提前离场。

从公众表达的角度来看，桑德伯格非常值得我们学习的地方是：有主题、列数据、讲故事，当主题"为什么女性领导那么少？"确定后，用数据来说明少的现实，用故事来讲述少的原因，最后提出三条改进的建议来解决主题提出的问题。用问句来作为标题，本身就具有引发思考的作用，当我们看到这个问题时已经开始在思考的路上。接下来展示了全球女性领导少的数据，用自己亲身经历、身边发生的故事来阐述女性领导少的原因，更重要的是提出解决少的方法。整个演讲主旨清晰、简洁明了，让职场女性极易感同身受、产生共鸣，并有醍醐灌顶的激励作用。

我听了之后，不断去反思自己和自己所带领的女性员工、身边的职场女性朋友，是不是也会因为她所描述的原因没能到更高的职位去表现、去争取更多的机会。在解决实际问题的时候是否可以运用她所提供的三点建议对自己有所要求。每次外出参加会议，我不再因为自己是女性而坐到桌子外围或者坐到最后三排，不再因为自己是女性就只考虑孩子都要靠自己教育，家务只能靠自己完成。我开始去思考自己应该如何改变，以及帮助和支持更多女性的改变，特别是在公众表达中能主动争取，表达自己独到的见解，能简洁清晰有深度地去表达意愿和需求，还能在表达中透露出自己的自信和大度。通过自己总结的经验、沉淀的思想、饱满的正能量去帮助和影响更多人，去让自己丰富的内心与外界有更坦然地连接。有付出有得到，更加通透、笃定、有力量！

参考文献

[1] 谢丽尔·桑德伯格.向前一步［M］.颜筝，曹定，王占华，译.北京：中信出版集团，2014.

[2] 芭芭拉·明托.金字塔原理［M］.罗若萍，译.海口：南海出版公司，2019.

[3] 许荣哲.故事课1：说故事的人最有影响力［M］.北京：京华出版社，2018.

[4] 宫玉振.善战者说：孙子兵法与取胜法则十二讲［M］.北京：中信出版集团，2020.

后记

从三月开写，到九月交稿，半年时间，我走了一条从未走过的路。

真正开始写书稿才发现写书比讲课难十倍，当然，这是对我个人来说。讲课只是会因为站久了脚疼，话讲多了嗓子疼，而写书是没有思路时头疼，打字多了手疼，低头多了颈椎疼。讲课可以在现场播放视频、游戏、演示、练习，会占用一定的时间，可以看到学员们现场的状态，可以及时调整和回应。写书完全不一样，自己要管好自己，高度地自律甚至是煎熬。每一个章节、段落、字词都得思量确定。有时候状态不佳一个字都写不出来，没有思路的时候就是硬巴巴挤出来也是流水账。而状态极佳的时候，文思泉涌，停不下来，觉得除了写书稿其他都是多余的事情，沉浸其中。所以，写书稿能切身体会如何静心、如何专注、如何自律、如何激发出自己的好状态。不得不感慨：在从未走过的路上，遇见未知的自己，人间值得！

四年前，带领客户去阿里巴巴参访学习时，我拍下了阿里文化墙上的两句话：蹲下来是为了跳得更高；你感觉不舒服的时候就是成长的时候！第一句话一直提醒着我要不断复盘和反思，持续积累和沉淀；第二句话一直提醒着我要不断打破自己的舒适圈，主动经常让自己不舒服，才能实现更快的成长。对于每一位在公众表达学习历程中的女性高管们同样适用，与您共勉！

我们追求颜值，但可遇不可求；我们追求言值，可达内外兼修的成长！我敢，我能，我行！魅力言值，成为有影响力的女性高管，女性都需要！

明年我五十岁了，知天命的年纪对自己想要什么更加清晰，精神层面更简单，思想层面更通透。回首曾被荒废过的时光，以及曾被珍惜过的岁月，不再唏嘘也不再感叹，只希望满怀深情地在五十岁能开启人生中的又一段奋斗之路。希望能以此书作为开端，并以此书作为自己人生半百的纪念，更希望尽我所能持续为女企业家、女性高管们提供在公众表达能力提升上的支持和帮助。无论是接下来要相遇的是六十岁还是七十岁，我也将在这条心之所爱的专业路上不断探索与迭代。愿我们以心相换，以情相交，以力相长，共赴山河！

由衷地感谢：

云南省女企业家协会郑南南会长给予我在公众表达中的肯定和鼓励！

昆明市女企业家协会姜亚碧会长给予我因写书对协会工作参与极少的理解和包容！

"魅力言值——女性高管公众表达力提升训练营"中所有姐妹们对我的信任和陪伴！

著名培训师王鹏程老师对我写书出版一事的价值分析与出版平台的搭建！

著名培训师刘议鸿老师对我《魅力言值——女性高管公众表达力提升训练营》版权课程申请渠道的引荐！

著名培训师胡润东老师对我写书出版一事的鼓励和肯定！

公司团队在我写书期间对我工作的分担、精神的支持和所有的付出！

家人对我写书过程中的鼓励和支持！

没有你们，就没有本书的出现！

我知道，因自己见识、视野、经验等的限制，书里还有很多需要推敲、改进和完善的地方，但我也相信"完成比完美更重要"的道理，没走出第一步，不会知道第二步应该怎么走。也因为是我的真心和真实的经历，所以斗胆分享。如果真的能让女性高管在公众表达中有所启发、有方法可用那再好不过；如果没能做到，会以此作为鞭策、作为人生中另一种成长的起点，继续努力，以达彼岸！